飞行器系列丛书

贝叶斯统计推断及其在结构健康监测中的应用

严 刚 著

科 学 出 版 社

北 京

内 容 简 介

本书主要结合作者自身的研究工作，对近年来应用贝叶斯统计推断理论进行结构健康监测作一个阶段性的总结。本书将对处理不确定性问题的贝叶斯统计推断理论从基础到应用进行介绍，主要内容包括：贝叶斯统计理论基础、马尔可夫链蒙特卡罗法、贝叶斯模型修正、贝叶斯模型选择、贝叶斯滤波、贝叶斯正则化以及在若干结构健康监测问题中的应用。

本书适合从事结构健康监测及相关工作的研究人员阅读，希望通过本书的介绍，能使读者对贝叶斯统计推断的基本理论及其在结构健康监测中的应用有一定的认识和理解。

图书在版编目(CIP)数据

贝叶斯统计推断及其在结构健康监测中的应用／严刚著.
—北京：科学出版社，2020. 4
（飞行器系列丛书）
ISBN 978－7－03－064668－2

Ⅰ. ①贝… Ⅱ. ①严… Ⅲ. ①贝叶斯推断—应用—飞行器—结构—监测—研究 Ⅳ. ①V47

中国版本图书馆 CIP 数据核字(2020)第 043488 号

责任编辑：许 健／责任校对：谭宏宇
责任印制：黄晓鸣／封面设计：殷 靓

科学出版社 出版
北京东黄城根北街 16 号
邮政编码：100717
http：//www. sciencep. com
南京展望文化发展有限公司排版
江苏凤凰数码印务有限公司印刷
科学出版社发行 各地新华书店经销

*

2020 年 4 月第 一 版 开本：B5(720×1000)
2020 年 4 月第一次印刷 印张：9
字数：175 000

定价：100.00 元

（如有印装质量问题，我社负责调换）

飞行器系列丛书
编委会

丛 书 序

飞行器是指能在地球大气层内外空间飞行的器械，可分为航空器、航天器、火箭和导弹三类。航空器中，飞机通过固定于机身的机翼产生升力，是数量最大、使用最多的航空器；直升机通过旋转的旋翼产生升力，能垂直起降、空中悬停、向任意方向飞行，在航空器中具有独特的不可替代的作用。航天器可绕地球飞行，也可远离地球在外太空飞行。1903 年，美国的莱特兄弟研制成功了人类第一架飞机，实现了可持续、有动力、带操纵的飞行。1907 年，法国的科尔尼研制成功了人类第一架直升机，实现了有动力的垂直升空和连续飞行。1957 年，人类第一颗人造地球卫星由苏联发射成功，标志着人类由此进入了航天时代。1961 年，苏联宇航员加加林乘“东方 1 号”飞船进入太空，实现了人类遨游太空的梦想。1969 年，美国的阿姆斯特朗和奥尔德林乘“阿波罗 11 号”飞船登月成功，人类实现了涉足地球以外的另一个天体。这些飞行器的成功，实现了人类两千年以来的各种飞行梦想，推动了飞行器的不断进步。

目前，飞行器科学与技术快速发展，各种新构型、新概念飞行器层出不穷，反过来又催生了许多新的飞行器科学与技术，促使人们不断地去研究和探索新理论、新方法。出版“飞行器系列丛书”，将为人们的研究和探索提供非常有益的参考和借鉴，也将有力促进飞行器科学与技术的进一步发展。

“飞行器系列丛书”将介绍飞行器科学与技术研究的最新成果与进展，主要由南京航空航天大学从事飞行器设计及相关研究的教授、专家撰写。南京航空航天大学已研制成功了 30 多种型号飞行器，包括我国第一架大型无人机、第一架通过适航审定的全复合材料轻型飞机、第一架直升机、第一架无人直升机、第一架微型飞行器等，参与了我国几乎所有重大飞行器型号的研制，拥有航空宇航科学与技术一级学科国家重点学科。在这样厚重的航空宇航学科基础上，撰写出“飞行器系列丛书”并由科学出版社出版，具有十分重要的学术价值，将为我国航空航天界献上一份厚重的礼物，为我国航空航天事业的发展作出一份重要的贡献。

祝“飞行器系列丛书”出版成功！

夏品奇
2017 年 12 月 1 日于南京

前　言

由于环境、载荷、材料老化、结构疲劳、超期服役等因素，工程结构在使用过程中不可避免地会出现性能退化及损坏现象。如果结构中的损伤不能被及时发现而任其发展，其结果将是灾难性的。

近二十年来在智能材料与结构领域取得的进展，使发展先进的结构健康监测技术对工程结构进行实时的在线连续监测成为可能。结构健康监测系统利用集成在结构中的传感网络，在线获取与结构状态相关的信息，尤其是有关结构损伤性质、程度、分布和演变的信息，对及时做出决策来阻止结构性能的恶变和失效、提高结构安全、降低维护费用具有至关重要的意义。

国内外学术界和工业界对结构健康监测技术进行了广泛研究，提出了很多的理论和方法。但已经发展的大多数方法属于确定性的方法，未考虑不确定性因素的影响。在实验室可控条件下，通常这些确定性方法都能得到较好结果。而工程结构在实际服役运行过程中，受到温度、湿度、振动、载荷等外界环境变化以及结构自身性能退化等因素的影响。同时，因结构条件和经济成本等原因，传感器的数量和位置有一定限制，含有结构和损伤信息量的信号可能不能充分获取，传感器测量噪声也较实验室理想环境要大。实际工程结构还含有很多细节，载荷和边界条件也较为复杂，而相关数学、力学分析模型往往具有一定程度的简化，由此带来的建模误差不可避免。这些因素对结构健康监测的影响都是不确定性的，给其在实际工程结构中的应用带来很大困难和挑战。因此，在信息处理过程中引入处理不确定性问题的有效机制和方法，对当前的确定性方法进行进一步的改进和完善，是结构健康监测技术发展的必然趋势，对其迈向实际应用具有重要意义。

为了处理不确定性因素的影响，很多研究者提出了引入概率统计理论的损伤识别方法（如极值分析、偏值分析、统计过程控制等），表明基于概率统计理论的损伤识别方法能更好地反映实际结构健康监测问题的不确定性本质，有效解释外界不确定性因素的影响。经典的概率统计方法是从样本出发，从大量的样本中获得统计规律从而作出统计推断。而在结构健康监测中，获得结构不同状态，尤其是不同损伤状态下的大量样本是困难和不实际的。相对于经典概率统计方法，贝叶斯统计理论由于承认生产实践的继承性，将相关信息利用作为先验知识参与决策。研究表明，基于贝叶斯统计理论的结构健康监测方法能有效地克服模型误差、环境噪声等不确定性因素带来的影响，并能将诸如对结构的认识以及维护人员经验等重要信息作为先验知识，同时利用结构健康监测系统获得的测量数据不断更新系统参数或损伤信息，有效提高损伤识别结果的可靠度。因此，贝叶斯统计理论在含不确定性的结构健康监测问题中有着广泛的应用前景。

本书主要结合作者自身的研究工作，对近年来应用贝叶斯统计推断理论进行结构健康监测作一个阶段性的总结。本书将对处理不确定性问题的贝叶斯统计推断理论从基础到应用进行介绍，主要内容包括：贝叶斯统计理论基础、马尔可夫链蒙特卡罗法、贝叶斯模型修正、贝叶斯模型选择、贝叶斯滤波、贝叶斯正则化以及在若干结构健康监测问题中的应用。希望通过本书的介绍，能使读者对贝叶斯统计推断的基本理论以及在结构健康监测中的应用有一定的认识和理解。

本书中介绍的工作受到了国家自然科学基金（11602104）、江苏省自然科学基金（BK20130783）、高等学校博士点基金（20113218120004）和机械结构力学及控制国家重点实验室自主课题（0216Y01）等项目的资助。在此，对这些资助以及部分理论和实验工作的合作者孙浩、Haim Waisman、汤剑飞、杨周杰等，一并表示感谢。

本书的出版得到了南京航空航天大学航空学院和科学出版社的大力支持。

由于作者自身学识水平和能力所限，书中难免存在错误和不当之处，敬请广大专家和读者批评指正。

作　者

2019 年 12 月于南京

目　录

第一章　贝叶斯统计理论基础

数理统计学是以概率论为理论基础，通过观测和试验获取随机现象统计规律的学科，其任务是通过样本(观测或试验的一部分个体)的信息来推断总体(研究对象的全部)的信息。在数理统计学中，样本具有两重性：样本既可以看成具体的数，又可以看成随机变量。当把样本看作随机变量时，它有概率分布，称为总体分布。总体分布在统计推断中发挥重要作用，其给予的信息称为总体信息。而从总体信息中抽取的样本所提供的信息称为样本信息。在生产生活实践中，根据以往积累经验或历史数据资料分析，还可以获得一些其他信息，这些在抽样之前获得的可以用于统计推断的信息称为先验信息。基于总体信息和样本信息进行统计推断的理论和方法为经典统计学或古典统计学；而将先验信息纳入，综合以上三种信息进行统计推断的理论和方法为贝叶斯统计学。

贝叶斯统计学是从英国学者 Thomas Bayes 在《论有关机遇问题的求解》(*An Essay Towards Solving a Problem in Doctrine of Chances*)中提出的一种归纳推理理论发展而来的，其基础即为著名的贝叶斯公式。在其后的两百多年间发展形成的贝叶斯统计推断理论以及坚持贝叶斯观点的贝叶斯学派都是从贝叶斯公式引申而来的。随着理论和计算方法的不断完善，贝叶斯统计推断已经被广泛地应用于自然科学、人文科学和工程技术等领域，并被越来越多的人所认识和接受。

本章首先介绍概率论的基础知识，包括随机事件与概率的定义、条件概率的定义与乘法定理、常用的随机变量与分布函数；然后介绍贝叶斯统计理论的基础知识，包括离散和连续形式的贝叶斯公式、先验分布的确定与后验分布，以及贝叶斯统计推断中常用的点估计和区间估计。

1.1　概 率 论

1.1.1　随机事件与概率

自然界和社会生活中发生的各种现象，总体上可以分为确定性现象和随机现象。对于确定性现象，在一定条件下必然会发生；而对于随机现象，在一定条件下，其结果具有不确定性，可能出现多种不同的结果。对于单次的试验或观察，随机现象的结果可能是未知的，但经过大量重复试验或观察，其结果又具有一定的统计规律性。

概率论是研究随机现象的一个数学分支,也是数理统计学的数学基础。在概率论中,将可以在相同条件下重复进行、事先明确所有可能结果但不确定哪个结果出现的试验称为随机试验,记为 E。将随机试验 E 的所有可能结果组成的集合称为 E 的样本空间,记为 $S=\{e\}$,样本空间中的每一个元素称为样本点,记为 e。

一般地,将随机试验 E 的样本空间 S 的子集称为 E 的随机事件,简称事件。在每次试验中,当且仅当这一子集中的一个样本点出现时,称这一事件发生。样本空间 S 包含了所有的样本点,是其自身的子集,每次试验必定会发生,称为必然事件;空集 $\varnothing$ 不包含任何样本点,也是样本空间 S 的子集,称为不可能事件。事件是一个集合,因而事件间的关系与事件的运算可以按照集合论来处理。

在经典概率论中,采用概率这一概念来描述事件发生的可能性,其由事件发生的频繁程度(即频率)所引出。大量试验证明,当重复试验的次数逐渐增大时,事件发生的频率呈现稳定的趋势,逐渐趋向于某个常数。这种频率稳定性即通常所说的统计规律性。

以下为经典概率论中概率的定义。

设 E 是随机试验,S 是它的样本空间。对于 E 的每个事件 A 赋予一个实数,记为 $P(A)$,如果集合函数 $P(\cdot)$ 满足下列的三个条件,即

① 非负性:对于每个事件 A,有 $P(A)\geqslant 0$;

② 规范性:对于必然事件 S,有 $P(S)=1$;

③ 可列可加性:设 $A_1, A_2, \cdots, A_n$ 是 n 个两两不相容的事件,有 $P(\bigcup_{i=1}^{n} A_i)=\sum_{i=1}^{n} P(A_i)$。

则称 $P(A)$ 为事件 A 的概率。

1.1.2　条件概率与乘法定理

在实际问题中,经常会遇到的一个问题是,在某一事件 A 已发生的条件下,事件 B 发生的概率,即所谓的条件概率。

设 A 和 B 是随机试验 E 的两个事件,如 $P(A)$ 表示事件 A 发生的概率,则事件 B 在事件 A 已发生情况下发生的条件概率记为 $P(B\mid A)$,且

$$P(B\mid A)=\frac{P(AB)}{P(A)} \tag{1.1}$$

其中，$P(AB)$ 表示事件 A 与事件 B 的积事件发生的概率。

条件概率 $P(\cdot | A)$ 符合经典概率定义中的三个条件，即

① 非负性：对于一个事件 B，有 $P(B | A) \geqslant 0$；

② 规范性：对于必然事件 S，有 $P(S | A) = 1$；

③ 可列可加性：设 $B_1, B_2, \cdots, B_n$ 是 n 个两两不相容的事件，有 $P(\bigcup_{i=1}^{n} B_i | A) = \sum_{i=1}^{n} P(B_i | A)$。

由条件概率的定义，可以得到如下概率的乘法定理。

设 A 和 B 是随机试验 E 的两个事件，如事件 A 发生的概率 $P(A) > 0$，事件 B 在事件 A 已发生情况下发生的条件概率记为 $P(B | A)$，则有

$$P(AB) = P(B | A)P(A) \tag{1.2}$$

式(1.2)称为乘法公式，可以将其推广到多个事件的积事件的情况，即，设 $A_1, A_2, \cdots, A_n$ 为 n 个事件，$n \geqslant 2$，且 $P(A_1A_2\cdots A_n) > 0$，则有

$$P(A_1A_2\cdots A_n) = P(A_n | A_1A_2\cdots A_{n-1})P(A_{n-1} | A_1A_2\cdots A_{n-2})\cdots P(A_2 | A_1)P(A_1) \tag{1.3}$$

由条件概率可知，通常情况下，事件 A 的发生对事件 B 的发生是有影响的，即 $P(AB) = P(B | A)P(A)$。但在某些情况下，这种影响不存在，此时会有

$$P(AB) = P(B)P(A) \tag{1.4}$$

如果式(1.4)成立，则可以称事件 A 和事件 B 相互独立。一般地，设 $A_1, A_2, \cdots, A_n$ 为 n 个事件，$n \geqslant 2$，如果对于其中任意 2 个、任意 3 个、…、任意 n 个事件的积事件概率，都等于各事件概率之积，则称事件 $A_1, A_2, \cdots, A_n$ 相互独立。

1.1.3　随机变量与分布函数

设随机试验 E 的样本空间为 $S = \{e\}$，$X = X(e)$ 是定义在样本空间 S 上的实值单值函数，则称 X 为随机变量。随机变量本质上是一个函数，是从样本空间的子集到实数的映射，将事件转换为一个数值。

从以上随机变量的定义可知，随机变量在不同的条件下由于偶然因素影响，其可能取不同的值，具有不确定性和随机性。

随机变量的取值随随机试验的结果而定，而试验的各个结果具有统计规律性，即具有一定的概率，因而随机变量的取值具有一定的概率。按照随机变

量可能取得的值,可以把它们分为两个类型：离散型随机变量和连续型随机变量。离散型随机变量在一定区间内变量取值为有限个,或数值可以一一列举出来;连续型随机变量在一定区间内变量取值有无限个,或数值无法一一列举出来。

对于离散型随机变量和连续型随机变量,可以定义累积分布函数来描述其落在某一区间的概率。

以下为累积分布函数的定义。

设 X 是一个随机变量, x 是任意实数,有函数 $F(x)$ 满足:

$$F(x)=P\{X \leqslant x\} \qquad (-\infty < x < \infty) \tag{1.5}$$

则称函数 $F(x)$ 为随机变量 X 的累积分布函数,简称分布函数。

分布函数具有如下的三条性质,即

① $F(x)$ 是一个不减函数;

② $0 \leqslant F(x) \leqslant 1$, 且 $F(-\infty)=\lim\limits_{x \to -\infty} F(x)=0$, $F(\infty)=\lim\limits_{x \to \infty} F(x)=1$;

③ $F(x+0)=F(x)$, 即 $F(x)$ 是右连续的。

要掌握一个离散型随机变量的统计规律,必须且只需知道它的所有可能取值以及每一个可能值的概率。设离散型随机变量 X 所有可能取的值为 $x_k(k=1, 2, \cdots)$, X 取各个可能值的概率,即事件 $\{X=x_k\}$ 的概率为

$$P(X=x_k)=p_k \qquad (k=1, 2, \cdots) \tag{1.6}$$

式(1.6)即为离散型随机变量 X 的分布律。离散型随机变量的分布律也可以用表格形式来表示。一般地,设离散型随机变量的分布律由式(1.6)描述,则其累积分布函数为

$$F(x)=P(X \leqslant x)=\sum_{x_k \leqslant x} p_k \tag{1.7}$$

下面介绍三种重要的离散型随机变量及其分布。

(1) (0-1)分布

设随机变量 X 只可能取 0 与 1 两个值,其分布律是

$$P(X=k)=p^k(1-p)^{1-k} \qquad (k=0, 1) \tag{1.8}$$

其中, $0<p<1$, 则称随机变量 X 服从以 p 为参数的(0, 1)分布或两点分布。

(2) 二项分布

设随机变量 X 是 m 个独立的成功/失败试验(又称为伯努利试验)中成功的次数,每次试验成功的概率为 p, 其分布律是

$$P(X=k)=\binom{m}{k}p^k(1-p)^{m-k} \qquad (k=0,\ 1,\ 2,\ \cdots,\ m) \tag{1.9}$$

其中，$\binom{m}{k}=\frac{m!}{k!\ (m-k)!}$ 是二项式系数，则称随机变量 X 服从参数为 m 与 p 的二项分布，记为 $X \sim B(m,\ p)$。

当 $m=1$ 时，二项分布就是(0, 1)分布。

(3) 泊松分布

设离散随机变量 X 可能的取值为 0, 1, 2, …，而取各个值的概率为

$$P(X=k)=\frac{\lambda^k e^{-\lambda}}{k!} \qquad (k=0,\ 1,\ 2,\ \cdots) \tag{1.10}$$

其中，$\lambda>0$ 是常数，则称随机变量 X 服从参数为 λ 的泊松分布，记为 $X \sim P(\lambda)$。

对于连续型随机变量 X，如果对于 X 的累积分布函数 $F(x)$，存在非负的函数 $f(x)$，使其对于任意实数 x 有

$$F(x)=\int_{-\infty}^{x} f(t)\,\mathrm{d}t \tag{1.11}$$

则称 $f(x)$ 为 X 的概率密度函数，简称概率密度。

概率密度函数具有以下四条性质，即

① $f(x) \geqslant 0$；

② $\int_{-\infty}^{\infty} f(x)\,\mathrm{d}x=1$；

③ 对于任意实数 x_1，$x_2(x_1 \leqslant x_2)$，$P\{x_1 \leqslant x \leqslant x_2\}=F(x_2)-F(x_1)=\int_{x_1}^{x_2} f(x)\,\mathrm{d}x$；

④ 若 $f(x)$ 在点 x 处连续，则有 $F'(x)=f(x)$。

下面介绍四种重要的连续型随机变量及其分布。

(1) 均匀分布

设连续型随机变量 X 具有概率密度函数：

$$f(x)=\begin{cases}\dfrac{1}{b-a} & (a<x<b)\\ 0 & (\text{其他})\end{cases} \tag{1.12}$$

则称随机变量 X 在区间 $(a,\ b)$ 上服从均匀分布，记为 $X \sim U(a,\ b)$。均匀分布的概率密度和分布函数的图形分别如图 1.1(a)和(b)所示。

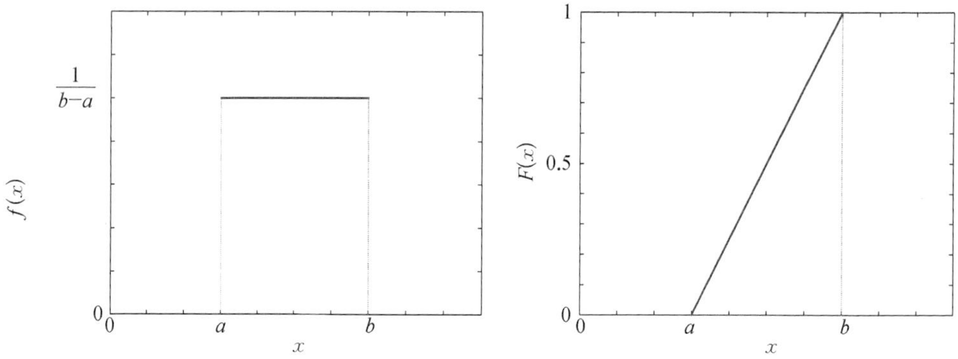

(a) 概率密度　　(b) 分布函数

图 1.1　均匀分布

（2）贝塔分布

设连续型随机变量 X 具有概率密度函数：

$$f(x) = \frac{\Gamma(\alpha + \beta)}{\Gamma(\alpha)\Gamma(\beta)} x^{(\alpha-1)}(1 - x)^{\beta-1} \qquad (0 \leqslant x \leqslant 1) \tag{1.13}$$

其中，$\Gamma(\cdot)$ 是伽马函数，则称随机变量 X 服从参数为 α 和 β 的贝塔分布，记为 $X \sim \mathrm{B}(\alpha, \beta)$。贝塔分布的概率密度和分布函数的图形分别如图 1.2(a)和(b)所示。若参数 α 和 β 都等于 1，则贝塔分布退化为均匀分布。

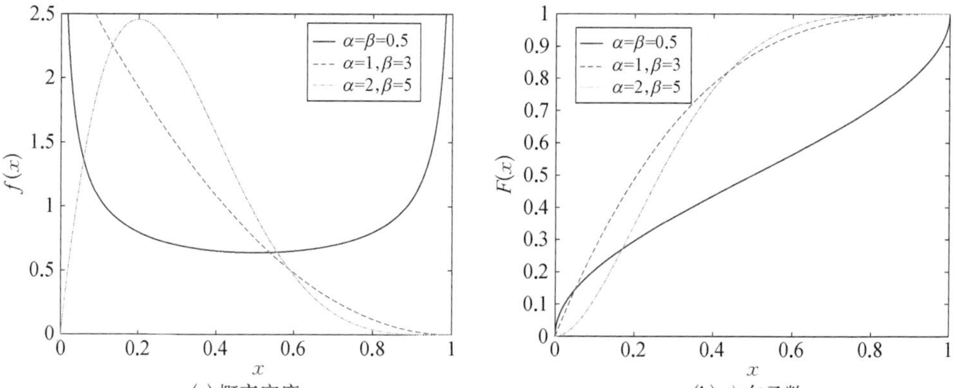

(a) 概率密度　　(b) 分布函数

图 1.2　贝塔分布

（3）伽马分布

设连续型随机变量 X 具有概率密度函数：

$$f(x) = \frac{\beta^{\alpha}}{\Gamma(\alpha)} x^{(\alpha-1)} \mathrm{e}^{-\beta x} \qquad (x > 0) \tag{1.14}$$

其中，$\Gamma(\cdot)$ 是伽马函数，则称随机变量 X 服从参数为 α 和 β 的伽马分布，记为 $X \sim G(\alpha, \beta)$。伽马分布的概率密度和分布函数的图形分别如图 1.3(a)和(b)所示。

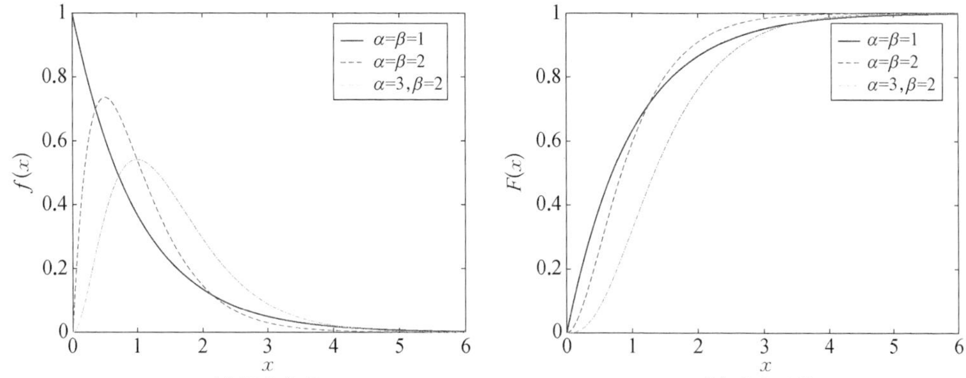

(a) 概率密度　　(b) 分布函数

图 1.3　伽马分布

伽马分布的逆分布称为逆伽马分布，其概率密度函数为

$$f(x) = \frac{\beta^{\alpha}}{\Gamma(\alpha)}(1/x)^{(\alpha+1)}e^{-\beta x^{-1}} \qquad (x > 0) \tag{1.15}$$

如随机变量 X 服从参数为 α 和 β 的逆伽马分布，可记为 $X \sim IG(\alpha, \beta)$

(4) 正态分布

设连续型随机变量 X 具有概率密度函数：

$$f(x) = \frac{1}{\sqrt{2\pi}\sigma}e^{-\frac{(x-\mu)}{2\sigma^2}} \qquad (-\infty < x < \infty) \tag{1.16}$$

其中，μ 和 σ ($\sigma > 0$) 是常数，则称随机变量 X 服从参数为 μ 和 σ 的正态分布或高斯分布，记为 $X \sim N(\mu, \sigma^2)$。正态分布的概率密度和分布函数的图形分别如图 1.4(a)和(b)所示。

对于随机变量的分布，数学期望和方差是其重要的数字特征。数学期望反映随机变量平均取值的大小，而方差则是用来度量随机变量与其数学期望之间的偏离程度。

对于离散型随机变量 X，其分布律如式(1.6)所示，则其数学期望 E_x 和方差 D_x 可写为

$$E_x = \sum_{k=1}^{\infty} x_k p_k \tag{1.17}$$

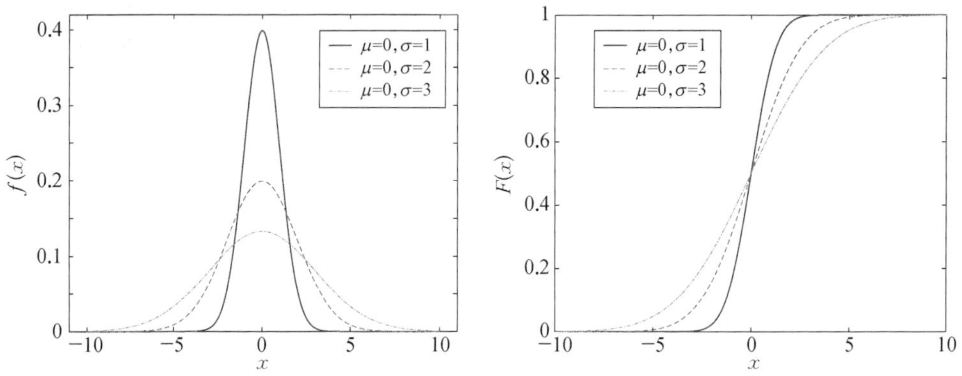

(a) 概率密度　　(b) 分布函数

图 1.4　正态分布

$$D_x = \sum_{k=1}^{\infty} (x_k - E_x)^2 p_k \tag{1.18}$$

对于连续型随机变量 X，其分布由概率密度函数 $f(x)$ 描述，则其数学期望 E_x 和方差 D_x 可写为

$$E_x = \int_{-\infty}^{\infty} x f(x) \mathrm{d}x \tag{1.19}$$

$$D_x = \int_{-\infty}^{\infty} (x - E_x)^2 f(x) \mathrm{d}x \tag{1.20}$$

表 1.1 列出了常用离散型和连续型随机变量的数学期望和方差。

表 1.1　常用随机变量分布的数学期望与方差

分布名称	参　数	数学期望	方　差
(0, 1)分布	p	p	$p(1-p)$
二项分布	$m,\ p$	mp	$mp(1-p)$
泊松分布	λ	λ	λ
均匀分布	$a,\ b$	$\frac{a+b}{2}$	$\frac{(b-a)^2}{12}$
贝塔分布	$\alpha,\ \beta$	$\frac{\alpha}{\alpha+\beta}$	$\frac{\alpha\beta}{(\alpha+\beta)^2(\alpha+\beta+1)}$
伽马分布	$\alpha,\ \beta$	$\frac{\alpha}{\beta}$	$\frac{\alpha}{\beta^2}$
正态分布	$\mu,\ \sigma$	μ	σ^2

1.2　贝叶斯统计推断

1.2.1　贝叶斯公式

Thomas Bayes(1702~1761)是18世纪英国的一位神学家和数学家,主要研究概率论。1763年12月,Richard Price在英国皇家学会会议上发表了Thomas Bayes的遗作《论有关机遇问题的求解》(*An Essay Towards Solving a Problem in Doctrine of Chances*),提出了贝叶斯统计理论的基本思想。1812年,著名数学家Pierre-Simon Laplace将贝叶斯思想以贝叶斯定理的形式介绍给世人。但在以后的很长一段时间内,经典概率统计理论由于生产实践的需求而获得长足发展,因此贝叶斯统计推断的观点并未受到人们的足够重视,只有少数的学者从事这方面的研究工作。直到20世纪中叶,Harold Jeffreys、Leonard Savage、Abraham Wald等人的工作又再次推动了贝叶斯统计理论的发展。此时经典统计理论的发展也遇到了一系列的瓶颈,贝叶斯统计理论以其简单的操作方法以及解释上的某些合理性,使其思想逐渐被研究者们所接受。经过多年发展,在坚持贝叶斯观点的学者努力下,形成了数理统计学中的贝叶斯学派。与经典概率学派坚持从事件本身所具有的客观随机性出发、以样本空间的研究为核心不同,贝叶斯学派从观察者的角度出发,认为样本空间是固定的,事件的随机性不过是观察者掌握信息不完备所造成的。观察者所掌握的信息多寡将影响观察者对于事件的认知,支持某项事件或属性的事件发生越多,则该事件或属性成立的可能性也越高。这些思想都是从贝叶斯公式引申而来,可以说,贝叶斯公式是贝叶斯统计理论的核心基础。

设S为随机试验E的样本空间,$B_1, B_2, \cdots, B_n$为E的一组事件,若满足以下两个条件,即

①$B_iB_j=\varnothing,\ i\neq j,\ i, j=1, 2, \cdots, n$;

②$B_1\cup B_2\cup\cdots\cup B_n=S$。

则称$B_1, B_2, \cdots, B_n$是样本空间S的一个划分,对于每次试验,事件$B_1, B_2, \cdots, B_n$中必有一个且仅有一个发生。

设S为随机试验E的样本空间,若A为E的事件,$B_1, B_2, \cdots, B_n$为样本空间S的一个划分,且$P(B_i)>0(i=1, 2, \cdots, n)$,则有如下的全概率公式:

$$\begin{aligned}P(A)&=P(A\mid B_1)P(B_1)+P(A\mid B_2)P(B_2)+\cdots\\&\quad+P(A\mid B_n)P(B_n)=\sum_{i=1}^{n}P(A\mid B_i)P(B_i)\end{aligned}\tag{1.21}$$

由全概率公式可推导出如下的贝叶斯定理。

设 S 为随机试验 E 的样本空间,若 A 为 E 的事件, $B_1, B_2, \cdots, B_n$ 为样本空间 S 的一个划分,且 $P(A) > 0$, $P(B_i) > 0$ $(i = 1, 2, \cdots, n)$, 则有

$$P(B_i \mid A) = \frac{P(A \mid B_i)P(B_i)}{\sum_{j=1}^{n} P(A \mid B_j)P(B_j)} \tag{1.22}$$

式(1.22)即为著名的贝叶斯公式,贝叶斯公式是贝叶斯统计推断的基础。在贝叶斯公式中, $P(B_i)$ 为事件 B_i 的先验概率,是在事件 A 发生前确定的; $P(A \mid B_i)$ 为似然度,是在事件 B_i 发生后事件 A 发生的条件概率; $P(B_i \mid A)$ 为后验概率,是在事件 A 发生之后(即获得了观测信息)再重新修正的事件 B_i 发生的概率。需要注意的是,与经典概率学派从事件发生频率的角度根据公理化定义的概率不同,贝叶斯学派中常常会用到主观概率,即人们根据知识或经验对事件发生机会判断的个人信念的强弱。贝叶斯公式及其思想体现了人类认识世界的普遍规律,即从对客观世界的主观认识(先验概率)出发,通过实践(获得信息和似然度),提高对客观世界的认识(获得后验概率)。这个过程可以是动态的、重复的,先验信息也可以随着知识累积而不断丰富和完善,其结果是后验信息更加接近于客观实际。

以上贝叶斯公式是以事件的概率形式给出。在贝叶斯统计推断中,应用更多的是贝叶斯公式的概率密度函数形式。贝叶斯统计推断的出发点是:任何一个参数都可以看作随机变量,而不是固定在某一值上,其具有概率分布。假设随机变量 X 的概率密度函数为 $p(x; \theta)$, 其中 θ 是一个参数,不同的 θ 对应不同的概率密度函数。从贝叶斯统计理论的角度看, $p(x; \theta)$ 在给定 θ 后是一个条件概率密度函数,可以记为 $p(x \mid \theta)$。 这个条件概率密度函数提供有关 θ 的信息就是总体信息。当给定 θ 后,从总体 $p(x \mid \theta)$ 中随机抽取样本 $\{x_1, x_2, \cdots, x_n\}$, 这些样本中包含有关 θ 的信息就是样本信息。而从关于 θ 的经验或历史资料分析整理获得的有关 θ 的信息,就是先验信息。先验信息可以用于描述 θ 的先验分布,其概率密度函数可用 $\pi(\theta)$ 表示。

在贝叶斯统计推断中,将以上的三种信息归纳融合起来,则有在总体分布基础上获得的样本 $\{x_1, x_2, \cdots, x_n\}$ 和参数 θ 的联合概率密度函数为

$$p(x_1, x_2, \cdots, x_n, \theta) = p(x_1, x_2, \cdots, x_n \mid \theta)\pi(\theta) \tag{1.23}$$

当样本 $\{x_1, x_2, \cdots, x_n\}$ 给定后,参数 θ 的条件概率密度函数为

$$p(\theta \mid x_1, x_2, \cdots, x_n) = \frac{p(x_1, x_2, \cdots, x_n, \theta)}{p(x_1, x_2, \cdots, x_n)} = \frac{p(x_1, x_2, \cdots, x_n \mid \theta)\pi(\theta)}{\int p(x_1, x_2, \cdots, x_n \mid \theta)\pi(\theta)\,\mathrm{d}\theta} \tag{1.24}$$

其中，$p(x_1, x_2, \cdots, x_n) = \int p(x_1, x_2, \cdots, x_n \mid \theta)\pi(\theta)\mathrm{d}\theta$ 为样本 $\{x_1, x_2, \cdots, x_n\}$ 的边缘分布，是对参数 θ 的积分；条件概率密度函数 $p(\theta \mid x_1, x_2, \cdots, x_n)$ 为参数 θ 的后验分布。

由式(1.24)，从实用的角度出发，可以将贝叶斯公式看作利用获得的样本信息[由似然函数 $p(x_1, x_2, \cdots, x_n \mid \theta)$ 表征]，将之前对参数 θ 的认识[由先验概率密度函数 $\pi(\theta)$ 表征]进行调整，调整的结果进一步丰富了对参数 θ 的认识[由后验概率密度函数 $p(\theta \mid x_1, x_2, \cdots, x_n)$ 表征]。

在式(1.24)中，样本 $\{x_1, x_2, \cdots, x_n\}$ 的边缘分布 $p(x_1, x_2, \cdots, x_n)$ 是一个常数，不影响后验概率密度函数的形态，很多场合可以忽略不计，所以在贝叶斯统计推断中也常将式(1.24)写为

$$p(\theta \mid x_1, x_2, \cdots, x_n) \propto p(x_1, x_2, \cdots, x_n \mid \theta)\pi(\theta) \tag{1.25}$$

即后验概率密度函数正比于似然函数与先验概率密度函数的乘积。

图1.5显示了贝叶斯公式如何利用样本信息来对先验分布进行调整获得后验分布。图1.5(a)所示为先验知识比较少时，样本信息对先验分布进行调整的示意图。此时，先验概率密度函数被定义在一个很宽泛的范围，且分布较均匀，没有明显的偏好；采用样本信息调整后的后验概率密度函数与似然函数基本重合，表明样本信息在统计推断中起到了主导作用，这与经典统计推断从样本出发获得的结论类似。图1.5(b)所示为先验知识较多时，样本信息对先验分布进行调整的示意图。此时，先验概率密度函数被定义在一个相对集中的范围，具有明显的偏好；采用样本信息调整后的后验概率密度函数是先验概率密度与似然函数相互调和的结果，表明先验信息和样本信息在统计推断中都起到了重要作用。这也从另外一个角度说明了贝叶斯统计推断与经典统计推断之间的区别，即充分利用先验信息。

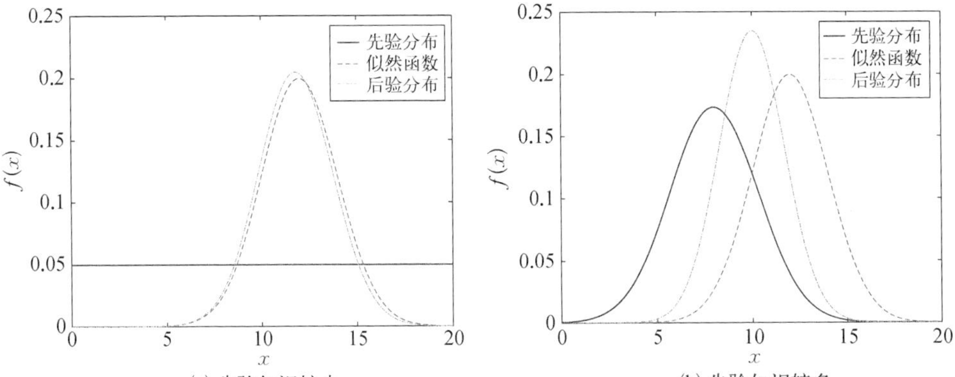

图1.5　贝叶斯公式的图形解释

1.2.2　先验分布与后验分布

在贝叶斯统计推断中,先验分布的确定非常重要。很多情况下,在获得样本信息之前,就有一些关于所求参数的主观认识或历史数据资料等先验信息。当这些先验信息足够多的时候,可以用直方图法、相对似然法等方法从主观认识或历史数据资料中分析确定先验分布。也可以先选定一个适应面较广的分布族,确定先验概率密度函数的形式,再通过统计分析手段从历史数据中估计出所选定概率密度函数中的参数(又称为超参数)。

在更多的情况下,可能没有先验信息或者只有极少的先验信息可利用。为了使贝叶斯统计推断更客观,可以使用无信息的先验。一种最常用的无信息先验分布为均匀分布,即在参数的取值范围内对任意可能的值都没有偏好。这在参数分布在有限个值或有限区间上时容易实现。当参数分布在无限区间上时,则无法定义一个正常的先验分布,这时候就需要用到如下的广义先验分布。

设随机变量 $X \sim f(x \mid \theta)$,若 $\pi(\theta)$ 满足下列两个条件,即

① $\pi(\theta) \geqslant 0$ 且 $\int \pi(\theta)\mathrm{d}\theta = \infty$;

② 由此决定的后验分布 $\pi(\theta \mid x)$ 是正常的概率密度函数。

则称 $\pi(\theta)$ 是 θ 的广义概率密度先验。

而在更一般的情况下,可以采用 Jeffreys 提出的准则来构造先验分布。Jeffreys 先验的最主要性质就是不变性,即先验的形式不随着参数形式变化而变化,其采用 Fisher 信息阵的平方根作为无信息先验分布。如 $\{x_1, x_2, \cdots, x_n\}$ 是来自概率密度函数 $f(x \mid \theta)$ 的一个样本,样本的对数似然函数为 $l(\theta) = \sum_{i=1}^{n} \ln f(x_i \mid \theta)$,可以从中计算出参数的 Fisher 信息阵为 $I(\theta) = E_{x\mid\theta}\left(-\dfrac{\partial^2 l}{\partial \theta^2}\right)$,则 θ 的无信息先验密度函数为 $\pi(\theta) = [I(\theta)]^{1/2}$。

在选取先验分布时,经常还会遇到的一个概念是共轭分布族。共轭分布族指的是当选择的先验分布与由此产生的后验分布属于同一分布族,则该先验分布与后验分布被称为共轭分布族。共轭分布族的好处主要在于数学上处理的方便性,先验分布的选取可以直接得到解析形式的后验分布(否则只能采用数值方法计算后验分布),这对于理解贝叶斯统计推断具有重要的意义,有助于提供抽样获得的样本信息(即似然函数)如何更新先验分布的直观印象。表 1.2 所示为一些共轭分布族例子。

表 1.2　共轭分布族例子

似然函数		共轭先验分布		后验分布
名　称	参数	名　称	参数	参　数
二项分布	p	贝塔分布	α, β	$\alpha + \sum_{i=1}^{n} x_i, \beta + \sum_{i=1}^{n} m_i - \sum_{i=1}^{n} x_i$
泊松分布	λ	伽马分布	α, β	$\alpha + \sum_{i=1}^{n} x_i, \beta + n$
正态分布（σ^2 已知）	μ	正态分布	μ_0, σ_0^2	$\dfrac{1}{\dfrac{1}{\sigma_0^2}+\dfrac{n}{\sigma_0^2}}\left(\dfrac{\mu_0}{\sigma_0^2}+\dfrac{\sum_{i=1}^{n} x_i}{\sigma^2}\right), \left(\dfrac{1}{\sigma_0^2}+\dfrac{n}{\sigma^2}\right)^{-1}$
正态分布（$\tau = 1/\sigma^2$ 已知）	μ	正态分布	μ_0, τ_0	$\dfrac{\tau_0\mu_0 + \tau\sum_{i=1}^{n} x_i}{\tau_0 + n\tau}, \tau_0 + n\tau$
正态分布（μ 已知）	σ^2	逆伽马分布	α, β	$\alpha + \dfrac{n}{2}, \beta + \dfrac{\sum_{i=1}^{n}(x_i - \mu)^2}{2}$
伽马分布（α 已知）	β	伽马分布	α_0, β_0	$\alpha_0 + n\alpha, \beta_0 + \sum_{i=1}^{n} \dfrac{1}{x_i}$

1.2.3　点估计与区间估计

式(1.24)给出的概率密度形式的贝叶斯公式,综合了先验信息、总体信息和样本信息,是对参数 θ 进行贝叶斯统计推断的基础。对参数 θ 的后验分布进行分析,可以从点估计和区间估计两个方面提取有关参数 θ 的信息。

常用的贝叶斯点估计有最大后验估计、后验中位估计和后验期望估计,分别指的是使后验分布 $p(\theta | x_1, x_2, \cdots, x_n)$ 达到最大值的参数值 $\hat{\theta}_{MAP}$、后验分布的中位数 $\hat{\theta}_M$, 以及后验分布的期望值 $\hat{\theta}_E$。

在贝叶斯统计推断中,评价参数点估计误差的常用度量是后验均方差或平方根,其定义如下。

设参数的后验分布为 $p(\theta | x_1, x_2, \cdots, x_n)$, 贝叶斯点估计为 $\hat{\theta}$, 则 $\hat{\theta}$ 的后验期望 $\mathrm{MSE}(\hat{\theta} | x_1, x_2, \cdots, x_n) = E_{\theta | x_1, x_2, \cdots, x_n}(\theta - \hat{\theta})^2$ 称为 $\hat{\theta}$ 的后验均方差,而其平方根则称为后验标准误差。

后验均方差或后验标准误差越小,则点估计的精度越高。理论分析表明,后验期望估计能使后验均方差或后验标准误差最小,因此后验期望估计是后验均方差标准下的最优估计。当然,选择哪个后验分布的点估计值作为最终的估计结果需要根据实际情况来判断。

除点估计外,与经典统计理论中置信区间的概念类似,贝叶斯方法还可以获得

参数 θ 的区间估计,称为可信区间(或也可称为置信区间),并且更容易处理。经典统计理论认为参数 θ 是未知常数,其置信区间指的是在多次重复试验中,以某一概率能覆盖参数 θ 的区间;而贝叶斯统计理论认为参数 θ 是一个随机变量,其可信区间指的是参数 θ 以某一概率属于这一区间。因此,贝叶斯统计的可信区间比经典统计的置信区间含义更清晰,更容易解释和理解。

贝叶斯统计理论中的可信区间定义如下。

当参数 θ 的后验分布 $p(\theta | x_1, x_2, \cdots, x_n)$ 确定后,其落在区间 $[a, b]$ 的后验概率为 $1-\alpha$ $(0<\alpha<1)$,则称区间 $[a, b]$ 为参数 θ 的可信水平为 $1-\alpha$ 的贝叶斯可信区间,即

$$P(a \leqslant \theta \leqslant b | x_1, x_2, \cdots, x_n) = 1-\alpha \tag{1.26}$$

第二章　马尔可夫链蒙特卡罗法基础

在贝叶斯分析中,后验分布是进行统计推断的基础,因此后验概率密度函数以及相关统计量的计算在贝叶斯统计推断中具有非常重要的作用。在不能获取共轭分布的一般情况下,在数学上常常需要一些特殊的计算和处理方法。例如,在实际的贝叶斯统计问题中,往往涉及多维的随机变量和参数,并且维数可能会比较高。对这些多维的随机变量和参数应用贝叶斯定理进行统计推断过程中,经常会遇到高维积分。高维积分不仅很难获得解析解,采用一般的数值计算也会遇到很多困难。

蒙特卡罗法是一种统计抽样数值模拟方法,常被比喻为“最后的方法”,可以解决其他数值方法不能解决的问题。对于高维积分问题,很多数值方法的误差会随着维数的增加而显著增加,称为积分的维数灾难或者维数诅咒。而蒙特卡罗法将积分问题转变成随机性问题,其积分误差与维数无关。但传统蒙特卡罗法采用的直接抽样经常遇到的困难,一是抽样效率太低,二是对于概率分布不完全已知、归一化常数不确定的情况不适用。在贝叶斯统计推断中,经常会遇到的情况是后验分布的精确表达式不存在,或只知道后验分布的核(与精确的表达式相差一个常数比值)。因而需要发展更有效的蒙特卡罗抽样方法,其中基于马尔可夫链理论发展起来的马尔可夫链蒙特卡罗法是一种通过构建马尔可夫链获得随机变量样本值的间接抽样方法,可以绕开直接抽样方法从不完全已知概率分布抽样的困难,为贝叶斯统计推断提供了有效的计算手段。

本章首先介绍马尔可夫链理论基础,给出马尔可夫链的定义、性质以及基于马尔可夫链构造算法从未知分布中获得抽样样本的基本原理,然后介绍三种常用的马尔可夫链蒙特卡罗抽样算法,分别为梅特罗波利斯-黑斯廷斯算法、吉布斯算法以及混合蒙特卡罗算法。

2.1　马尔可夫链理论

2.1.1　马尔可夫链

俄国数学家安德雷·马尔可夫(Andrey Markov)在20世纪初证明随机变量间的独立性不是弱大数定律和中心极限定理成立的必要条件时,构造了一个按条件概率相互依赖的随机过程,并证明其在一定条件下收敛于一组向量,该随机过程后来被以他的名字命名为马尔可夫链。

马尔可夫链是时间离散、状态离散的马尔可夫随机过程,具有马尔可夫性质,即“无后效应”。“无后效应”指的是,对于一个随机过程,如在过程当前时刻所处状态已知的条件下,过程在将来时刻所处的状态,只与过程在当前时刻的状态有关,而与过程在以前时刻的状态无关。

当一个随机系统的状态序列 $\boldsymbol{x} = \{x_k: k > 0\}$ (其取值都在可数集内: $x_k = s_{i_k}$, $s_{i_k} \in \boldsymbol{s}$, $\boldsymbol{s}$ 称为状态空间),为一马尔可夫链时,那么对于任意时刻 k, 系统状态 x_{k+1} 的条件概率仅仅依赖于 x_k, 即

$$P(x_{k+1} \mid x_k, x_{k-1}, \cdots, x_1, x_0) = P(x_{k+1} \mid x_k) \tag{2.1}$$

由马尔可夫链的无后效应性质,状态序列在某一时刻的某种状态转变为另一个时刻的某种状态,称为状态的转移。马尔可夫链本质上是一个不同状态之间转移的随机过程,这种状态的转移要用转移概率来描述。式(2.1)中的 $P(x_{k+1} \mid x_k) = P(x_{k+1} = s_{i_{k+1}} \mid x_k = s_{i_k}) = P_{i_k, i_{k+1}}$ 称为一步(一阶)转移概率。通过一步转移概率,随机系统可以从初始状态 x_0 出发,一步一步转移至状态 x_{k+1}, 系统状态序列 $\{x_0 = s_{i_0}, x_1 = s_{i_1}, x_2 = s_{i_2}, \cdots, x_k = s_{i_k}, x_{k+1} = s_{i_{k+1}}\}$ 发生的概率可写为

$$P(x_0, x_1, x_2, \cdots, x_k, x_{k+1}) = P(x_0)P(x_1 \mid x_0)\cdots P(x_{k+1} \mid x_k) = a_{i_0}P_{i_0, i_1}\cdots P_{i_k, i_{k+1}} \tag{2.2}$$

即每一时刻的转移概率都只与这一时刻的状态和转移概率相关,而与之前的状态和转移概率无关,式中 $a_{i_0} = P(x_0)$ 为初始状态的概率。若一步转移概率与时刻无关,即

$$P(x_{k+1} \mid x_k) = P(x_k \mid x_{k-1}) = \cdots = P(x_1 \mid x_0) \tag{2.3}$$

则称该马尔可夫链是均匀的(时齐的)马尔可夫链。

若马尔可夫链的状态空间是有限的,则可将一步转移中所有状态的转移概率按矩阵排列,得到转移矩阵 $\boldsymbol{P} = (P_{i,j})$。马尔可夫链完全决定了转移矩阵,反之转移矩阵也完全决定马尔可夫链。由概率分布的性质可知,转移矩阵是一个正定矩阵,且每行元素之和等于一。

给定一个马尔可夫链,若在其状态空间存在概率分布 $\pi = \pi(s)$, 且该分布满足以下条件

$$\forall s_j \in \boldsymbol{s}: \pi(s_j) = \sum_{s_i \in \boldsymbol{s}} \pi(s_i)P_{i,j} \Leftrightarrow \pi = \pi\boldsymbol{P}, \ 0 < \pi(s_i) < 1, \ \|\pi\| = 1 \tag{2.4}$$

则 π 是该马尔可夫链的平稳分布。等价符号右侧的线性方程组被称为平衡方程。进一步地，若马尔可夫链的平稳分布存在，且其初始分布是平稳分布，则该马尔可夫链处于稳态。

若一个马尔可夫链的状态空间存在概率分布 π 并满足如下关系：

$$\lim_{k\to\infty}P(x_k = s_i) = \pi(s_i) \tag{2.5}$$

则该分布是马尔可夫链的极限分布。极限分布的定义与初始分布无关，即对任意的初始分布，当时间步趋于无穷时，随机变量的概率分布趋于极限分布。极限分布一定是平稳分布，但反之不成立。

若一个马尔可夫链拥有唯一的平稳分布且极限分布收敛于平稳分布，则该马尔可夫链是平稳马尔可夫链，是严格平稳随机过程，其演变与时间顺序无关。

2.1.2　马尔可夫链性质

这里简单介绍马尔可夫链的四个性质，即不可约性、重现性、周期性和遍历性。与马尔可夫性质（无后效性）不同，这些性质不是马尔可夫链必然拥有的性质，而是其在转移过程中对其状态表现出的性质。

（1）不可约性

如果一个马尔可夫链的状态空间仅有一个连通类，即状态空间的全体成员，则该马尔可夫链是不可约的，否则马尔可夫链具有可约性。马尔可夫链的不可约性意味着在其演变过程中，随机变量可以在任意状态间转移。

（2）重现性

若马尔可夫链在到达一个状态后，在演变中能反复回到该状态，则该状态具有重现性，或该马尔可夫链具有（局部）重现性，反之则具有瞬变性。正式地，对状态空间中的某个状态，马尔可夫链对一给定状态的返回时间是其所有可能返回时间的下确界。此外，若状态具有重现性，则可计算其平均重现时间。如平均重现时间小于无穷大，状态是“正重现的”，否则为“零重现的”。若一个状态是零重现的，那意味着马尔可夫链两次访问该状态的时间间隔的期望是正无穷。

（3）周期性

一个正重现的马尔可夫链可能具有周期性，即在其演变中，马尔可夫链能够按大于 1 的周期重现其状态。对于具有正重现性的状态，其重现周期可以定义为可返回步数的最大公约数。若重现周期大于 1，则称该状态具有周期性；若重现周期等于 1，则称该状态具有非周期性。

（4）遍历性

若马尔可夫链的一个状态是正重现的和非周期的，则该状态具有遍历性。若一个马尔可夫链是不可还原的,且有某个状态是遍历的,则该马尔可夫链的所有状态都是遍历的,被称为遍历链。

若一个马尔可夫链为遍历链,则由遍历定理,其对某一状态的访问次数与时间步的比值,在时间步趋于无穷时趋近于平均重现时间的倒数,即该状态的平稳分布或极限分布。遍历链是非周期的平稳马尔可夫链,有长时间尺度下的稳态行为,因此是被广泛研究和应用的马尔可夫链。

2.1.3 马尔可夫链蒙特卡罗法原理

为了解决传统蒙特卡罗法直接抽样的不足,研究者自 20 世纪 50 年代开始将马尔可夫链理论引入蒙特卡罗模拟中,发展了独具特色的马尔可夫链蒙特卡罗法,为贝叶斯统计推断提供了一种有效的计算手段。马尔可夫链蒙特卡罗法突破了高维积分的计算瓶颈,使复杂后验分布的计算成为可能,极大地促进了贝叶斯统计推断在实践中的应用。

马尔可夫链蒙特卡罗法的基本思想是:构造一条马尔可夫链使其平稳分布为待估参数的后验分布,通过这条马尔可夫链产生后验分布的样本,并基于马尔可夫链达到平稳分布时的样本(有效样本)进行蒙特卡罗积分。该思想的理论基础是马尔可夫链的大数定律,即若 $\boldsymbol{x} = \{x_k: k > 0\}$ 为一定义在状态空间 $\boldsymbol{s}$ 上的不可约马尔可夫链,其转移矩阵为 $\boldsymbol{P} = (P_{i,j})$,且有平稳分布 $\boldsymbol{\pi} = \{\pi_i, i \in \boldsymbol{s}\}$,则对于任何从状态空间到实数集的有界函数 h 以及初始值 x_0 的任意初始分布,有

$$\frac{1}{n}\sum_{k=0}^{n-1} h(x_k) \to \sum_i h(i)\pi_i \qquad (n \to \infty) \tag{2.6}$$

依概率成立。

不同于以往的蒙特卡罗法获得的样本是统计独立的,马尔可夫链蒙特卡罗法获得的样本是统计相关的。在构造马尔可夫链的过程中,最初的一段马尔可夫链往往混合不够充分,不符合稳态分布,这些样本不能用于最终的后验分布以及统计量的估计。这一阶段称为“燃灭”(burn-in)阶段,待马尔可夫链收敛后,这些样本需要被剔除。只要构造的马尔可夫链足够长,燃灭阶段对整个马尔可夫链以及后验分布估算的影响可以忽略。为了保证构造的马尔可夫链是收敛的,即抽样获取的样本来自与目标分布等价的平稳分布,常用的方法是在构造过程中对蒙特卡罗误差或链的自相关性进行监视。蒙特卡罗误差度量了估计因随机模拟而导致的波动性,通常来说,随着样本量的增加,估计的精度会逐步提高,蒙特卡罗误差会逐渐降低到较小的程度;自相关性也可以在一定程度上反映马尔可夫链收敛的快慢。

为了降低马尔可夫链采样的相关性,在采用马尔可夫链蒙特卡罗法进行抽样

时，马尔可夫链转移核的构造至关重要。不同的转移核构造方法将产生不同的马尔可夫链蒙特卡罗算法。常用的马尔可夫链蒙特卡罗算法主要有两种，即梅特罗波利斯-黑斯廷斯(Metropolis-Hastings)算法和吉布斯(Gibbs)算法。一些新的改进算法，如混合蒙特卡罗算法，也被不断推出以适应不同问题的需要。由于马尔可夫链蒙特卡罗法解决了贝叶斯统计理论中困难的计算问题，因此已经被广泛地应用于贝叶斯统计推断中。

2.2　梅特罗波利斯-黑斯廷斯算法

在蒙特卡罗模拟中，如果随机变量的概率分布是完全已知的，则可以使用直接抽样方法。利用均匀分布 $U(0,\ 1)$ 的随机数，使用严格精确的数学方法构造抽样算法产生随机变量的样本值。已经证明，如果直接抽样使用的随机数是独立的，那么产生的随机变量样本值是独立同分布的。

在早期的科学计算中，直接抽样方法被用于对大量原子在给定温度下的平衡态进行随机模拟。但直接抽样方法的计算量巨大，由于当时计算机容量和速度的限制，常常不能满足计算的要求。1953 年，美国物理学家 Nicholas Metropolis 等考虑了物理学中常见的玻尔兹曼分布的采样问题，提出了以概率来接受新状态，而不是使用完全确定的规则。这一算法后来被命名为梅特罗波利斯算法，可以显著减少蒙特卡罗模拟的计算量。梅特罗波利斯算法是首个普适的采样方法，并启发了一系列马尔可夫链蒙特卡罗方法。

在梅特罗波利斯算法中，假设系统的前一状态为 x_k，当受到一定扰动后，状态变为 x_{k+1}，相应地，系统能量由 E_k 变为 E_{k+1}；定义系统由 x_k 变为 x_{k+1} 的接受概率为 α，α 的定义为

$$\alpha = \begin{cases} 1 & (E_{k+1} < E_k) \\ \exp\left(-\dfrac{E_{k+1} - E_k}{\beta T}\right) & (E_{k+1} \geqslant E_k) \end{cases} \tag{2.7}$$

式中，β 为玻尔兹曼常数；T 为系统的绝对温度。

当能量转移以后，如果能量减小了，那么这种转移就被接受了(以概率 1 接受)；如果能量增大了，就说明系统偏离平衡状态更远了，此时算法不是立即将其抛弃，而是进行概率判断。首先在区间[0,1]上产生一个均匀分布的随机数 r，如果 $r < \alpha$，这种转移将被接受；否则拒绝转移，保持现有状态，然后进入下一步；如此循环。这便是梅特罗波利斯算法的核心思想，即当能量增加时，以一定概率接受，而不是一味拒绝。

梅特罗波利斯算法虽然是在研究统计物理学问题的过程中发展出的随机抽样

方法，但其思想具有普遍的意义。此后经过多年的发展，形成了以接受-拒绝思想为核心的通用梅特罗波利斯抽样算法。早期通用梅特罗波利斯抽样算法产生新状态使用的建议分布为对称分布，1970 年加拿大统计学家 Wilfred Hastings 将建议分布推广为非对称分布，形成了著名的梅特罗波利斯-黑斯廷斯算法，在很多科学领域发挥了重要的作用。

梅特罗波利斯-黑斯廷斯算法是要根据目标分布 $p(x)$ 抽取一系列的样本。为实现这一目标，该算法使用马尔可夫链来渐近到达唯一的稳态分布 $\pi(x)$，使得 $\pi(x)=p(x)$。由于马尔可夫链可以由转移概率 $P(x' \mid x)$ 唯一确定，其要获得唯一稳态分布需要满足如下两个条件：

① 稳态分布的存在性，即马尔可夫链存在稳态分布。稳态分布存在的充分但非必要条件是细致平衡条件，对于任何状态转换，要求是可逆的，即对于每一组可以转换的状态 x 和 x' 需要满足：

$$\pi(x)P(x' \mid x)=\pi(x')P(x \mid x') \tag{2.8}$$

② 稳态分布的唯一性，即马尔可夫链稳态分布必须唯一。稳态分布的唯一性保证了马尔可夫链的遍历性，即对于任何状态都是非周期性的，马尔可夫链不会回到某一固定区间的同一状态。

梅特罗波利斯-黑斯廷斯算法通过设计转换概率建立马尔可夫链来满足以上两个条件，使得马尔可夫链的稳态分布趋近于目标分布。梅特罗波利斯-黑斯廷斯算法主要有两个步骤：候选状态的建议以及接受-拒绝候选状态。建议分布是一个基于现有状态的条件分布，可以从其中产生候选状态；接受概率则是接受候选状态为新状态的概率。转移概率可以写成建议分布 $q(x' \mid x)$ 和接受概率 $\alpha(x', x)$ 的乘积：

$$P(x' \mid x)=q(x' \mid x)\alpha(x', x) \tag{2.9}$$

将式(2.9)代入式(2.8)的细致平衡条件，可以得到

$$\frac{\alpha(x', x)}{\alpha(x, x')}=\frac{p(x')}{p(x)}\frac{q(x \mid x')}{q(x' \mid x)} \tag{2.10}$$

为了满足以上条件，可以根据梅特罗波利斯准则选择如下接受概率：

$$\alpha(x', x)=\min\left[1, \frac{p(x')}{p(x)}\frac{q(x \mid x')}{q(x' \mid x)}\right] \tag{2.11}$$

以下是梅特罗波利斯-黑斯廷斯算法的流程：

第一步：链指标 $k=0$，初始化状态 x_0；

第二步：链指标 $k=k+1$，从建议分布 $q(\cdot \mid x_{k-1})$ 中随机产生一个新的候选状态 x^*；

第三步：计算接受概率 $\alpha = \min\left[1,\ \dfrac{p(x^*)q(x \mid x^*)}{p(x)q(x^* \mid x)}\right]$；

第四步：在[0,1]区间产生一个随机数 r，若 $r < \alpha$，接受候选状态，使得 $x_k = x^*$；否则拒绝候选状态，$x_k = x_{k-1}$；

第五步：重复第二步至第四步，直至预设的链长达到为止。

下面以一个一维分布的抽样来说明以上梅特罗波利斯-黑斯廷斯算法的应用。目标分布为一维正态分布，均值 $\mu = -3$，标准差 $\sigma = 2$，即 $p(x) \sim N(-3,\ 4)$。采用标准正态分布函数 $q(x) \sim N(0,\ 1)$ 作为建议分布。由此，如图 2.1 所示，梅特罗波利斯-黑斯廷斯算法运算过程中，在 k 时刻，建议分布的均值为前一时刻的状态值 x_{k-1}，标准差为 1（图 2.1 中建议分布的幅值进行了缩放）；通过这个建议分布，获得候选样本，再经过拒绝-接受判断，获得 k 时刻状态 x_k；如此循环往复，最终获得近似于目标分布的抽样样本。图 2.2(a)所示为通过以上梅特罗波利斯-黑斯廷斯算法和建议分布（由于建议分布是对称分布，算法等价为梅特罗波利斯算法），抽样获得的 5 000 个样本组成的马尔可夫链。除去链首端的"燃灭"阶段（假设取前 500 个样本），剩余的样本就可以用来近似目标分布。如图 2.2(b)所示为剩余 4 500 个样本的分布直方图，由于该目标分布较简单，通过马尔可夫链蒙特卡罗法获得的样本很好地近似于目标分布。

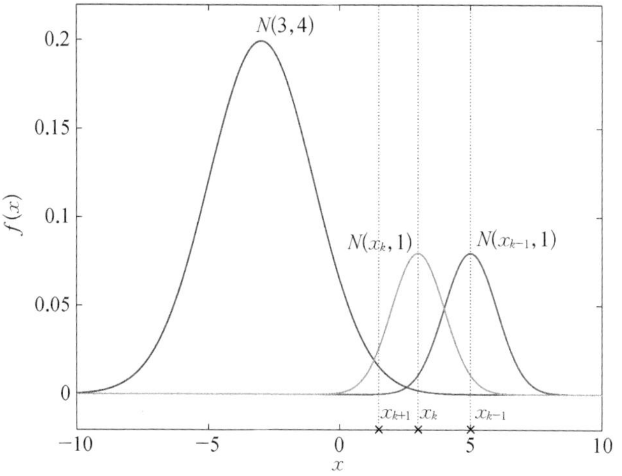

图 2.1　梅特罗波利斯-黑斯廷斯算法对一维目标分布抽样示意图

如果随机变量是一个多维向量，即 $\boldsymbol{x} = [x_1 \quad x_2 \quad \cdots \quad x_d]^{\mathrm{T}}$（$d$ 是向量维数），则以上关于单变量 x 的梅特罗波利斯-黑斯廷斯算法，只需引入一个与 $\boldsymbol{x}$ 维度相同的建议分布函数 $q(\boldsymbol{x})$，即可直接应用。对于多维向量，这样的方法称为基于向量整体更新的抽样算法。基于向量整体更新的抽样算法在生成候选向量时，同时生成向量中的

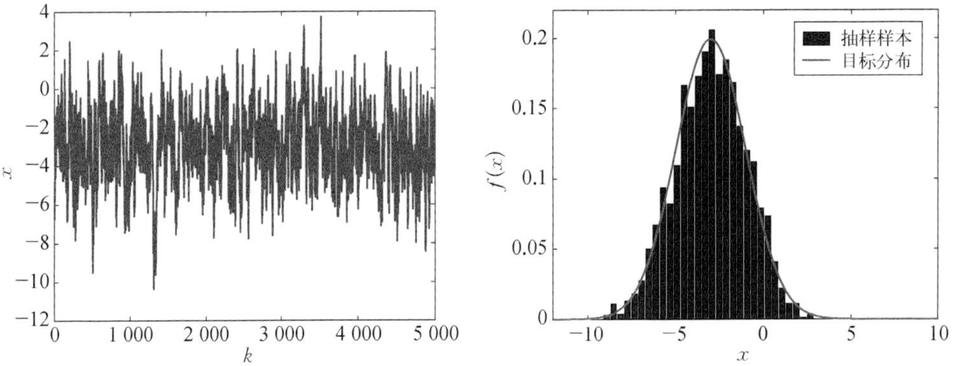

(a) 抽样样本　　(b) 样本直方图

图 2.2　梅特罗波利斯-黑斯廷斯算法对一维目标分布抽样示例

所有元素。在向量维度较低时，比较容易找到合适的多维建议分布函数；但在向量维度较高的情况下，则具有一定的难度，这将导致较低的接受率。相对地，可以采用单变量的建议分布函数，逐个生成候选向量中的每一个元素，并进行接受-拒绝判断。这样的方法称为基于元素分量更新的抽样算法，可以提高新样本的接受率。

下面以一个二维正态分布的抽样来说明以上基于向量整体更新和基于元素分量更新的梅特罗波利斯-黑斯廷斯算法的应用。目标分布 $p(\boldsymbol{x}) \sim N(\boldsymbol{\mu}, \boldsymbol{\Sigma})$，其中 $\boldsymbol{\mu} = [\mu_1 \quad \mu_2]^{\mathrm{T}} = [0 \quad 0]^{\mathrm{T}}$，$\boldsymbol{\Sigma} = \begin{bmatrix} 1 & \rho_{12} \\ \rho_{21} & 1 \end{bmatrix} = \begin{bmatrix} 1 & 0.8 \\ 0.8 & 1 \end{bmatrix}$。对于基于向量整体更新的抽样，采用二维正态分布函数 $q(\boldsymbol{x}) \sim N(0, \boldsymbol{I})$ 作为建议分布，其中 $\boldsymbol{I}$ 为单位矩阵。如图 2.3 所示，在 k 时刻，建议分布的均值为前一时刻的状态值 $\boldsymbol{x}_{k-1}$，协方差

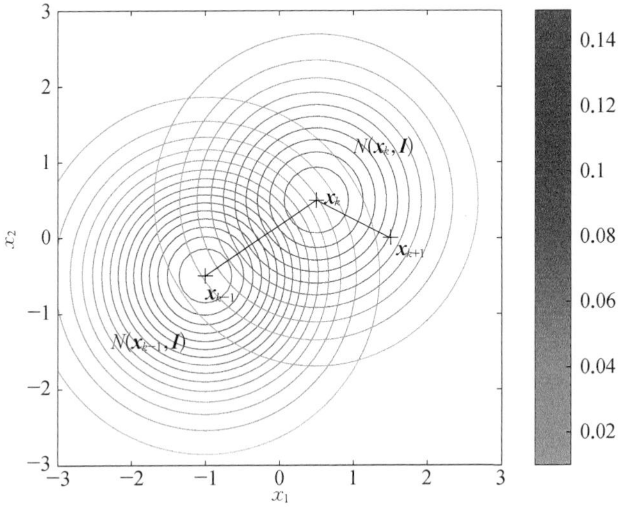

图 2.3　基于向量整体更新对二维目标分布抽样示意图

矩阵为单位矩阵 $\boldsymbol{I}$。与一维算法类似，通过这个建议分布，获得候选样本，再经过拒绝-接受判断，获得 k 时刻状态 $\boldsymbol{x}_k$；如此循环往复，最终获得近似于目标分布的抽样样本。如图 2.4(a)所示为通过基于向量整体更新算法，抽样获得的 2 000 个样本。为了与下面的其他算法对比，初值统一选为 $\boldsymbol{x}_0=[0\quad 3]^{\mathrm{T}}$，处在“燃灭”阶段的前 100 个样本的轨迹也在图中标出。由前 100 个样本的轨迹中可以看出，虽然初值偏离目标分布，但经过若干次更新，抽取的样本已进入目标分布；总体来说，前 100 个样本中重复率很高，说明在基于向量整体更新过程中，建议分布生成的候选

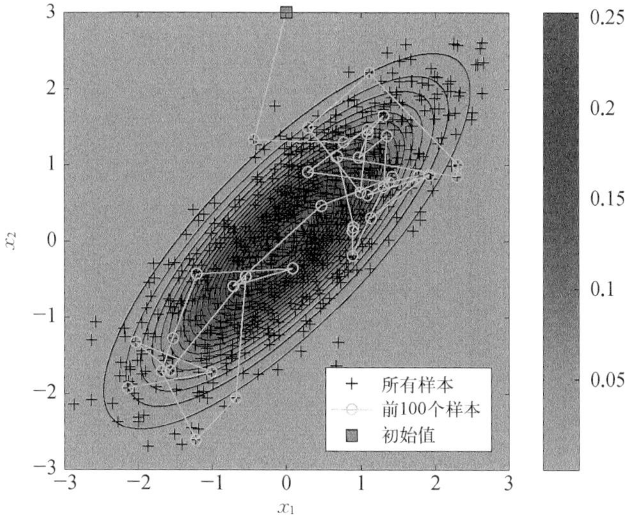

(a) 基于向量整体更新抽样样本

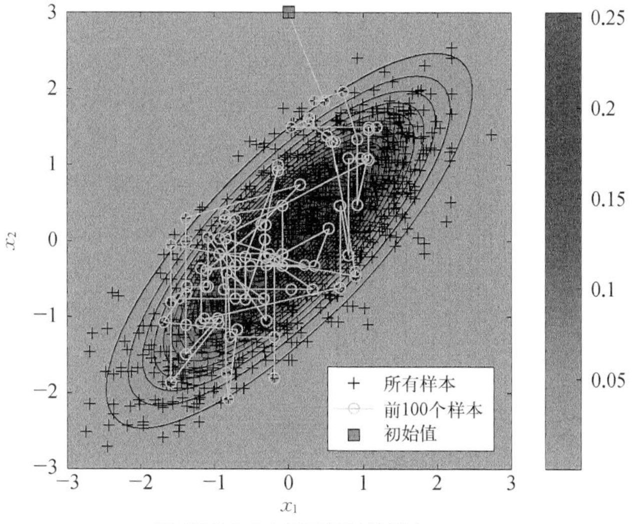

(b) 基于元素分量更新抽样样本

图 2.4　梅特罗波利斯-黑斯廷斯算法对二维目标分布抽样示例

样本被最终接受的概率比较低。

为了提高样本的接受率,可以在梅特罗波利斯-黑斯廷斯算法运行过程中采用基于元素分量更新的策略。向量中的元素由一维建议分布生成候选值,再进行拒绝-接受判断。在逐个元素更新过程中,向量中当前元素之前的元素采用已更新的值,而当前元素之后的元素,则仍然使用上一时刻的值。图 2.4(b)为通过基于元素分量更新算法对目标分布抽样获得的 2 000 个样本。同样,前 100 个样本的轨迹也在图中标出。由图中可以看出,与图 2.4(b)相比,前 100 个样本的重复率显著降低,说明基于元素分量更新的算法确实提高了候选样本的接受率。

2.3 吉布斯算法

吉布斯采样是以物理化学家 Josiah Gibbs 的名字命名的,他提到了采样算法和统计物理学之间的类比。Gibbs 逝世后约 80 年,Stuart Geman 和 Donald Geman 兄弟于 1984 年描述了该算法。

在吉布斯采样中,如果已知概率分布是全条件概率分布,则可以使用全条件抽样方法,使得马尔可夫链状态转移规则建立在全条件概率分布基础上。全条件概率分布通过将已知概率分布限制在一定子空间上,每步都用全条件概率分布来构建马尔可夫链状态转移规则。吉布斯采样可以用于难以直接采样时从某一多维向量概率分布中近似抽取样本序列。该序列可用于近似联合分布、部分元素的边缘分布或计算积分(如某一元素的期望值)。向量中某些元素可能为已知元素,故对这些元素并不需要采样。

吉布斯采样适用于条件分布比边缘分布更容易采样的多维向量分布。假设需要从联合分布 $p(\boldsymbol{x}) = p(x_1, \cdots, x_d)$ 中抽取样本,并且已经获得了马尔可夫链的初始状态。在吉布斯采样的每一步,需要从其中某一元素的基于其他元素的条件分布中抽取样本来取代该元素。以向量 $\boldsymbol{x}$ 的第 i 个变量 x_i 为例,从已知条件分布 $p(x_i \mid \boldsymbol{x}_{-i})$ 中抽取的样本值来代替变量 x_i($\boldsymbol{x}_{-i}$ 表示除第 i 个元素之外的向量 $\boldsymbol{x}$ 中其他元素的集合)。在一个循环中,吉布斯采样需要对所有元素按顺序或随机重复以上过程。在采样完成后,可以用这些样本来近似所有元素的联合分布。如果仅考虑其中部分元素,则可以得到这些元素的边缘分布。此外,还可以对所有样本求某一变量的平均值来估计该元素的期望。

以下是吉布斯采样的算法流程:

第一步:链指标 $k = 0$,初始化参数向量 $\boldsymbol{x}^0 = (x_1^0, \cdots, x_d^0)$。

第二步:链指标 $k = k + 1$,按以下方法产生 $\boldsymbol{x}^{k+1} = (x_1^{k+1}, \cdots, x_d^{k+1})$:

从 $p(x_1 \mid x_2^k, \cdots, x_d^k)$ 抽样获得 x_1^{k+1},

从 $p(x_2 \mid x_1^{k+1}, x_3^k, \cdots, x_d^k)$ 抽样获得 x_2^{k+1},

……

从 $p(x_j \mid x_1^{k+1}, \cdots, x_{j-1}^{k+1}, x_{j+1}^{k}, \cdots, x_d^{k})$ 抽样获得 x_j^{k+1}，

……

从 $p(x_d \mid x_1^{k+1}, \cdots, x_{d-1}^{k+1})$ 抽样获得 x_d^{k+1}。

第三步：重复第二步，直至预设的链长达到为止。

在吉布斯抽样从条件概率分布 $p(x_i \mid \boldsymbol{x}_{-i})$ 抽取样本的过程中，由于 $\boldsymbol{x}_{-i}$ 的值不变，因此边缘分布 $p(\boldsymbol{x}_{-i})$ 也是不变的，保证了条件分布 $p(x_i \mid \boldsymbol{x}_{-i})$ 也是不变的，可以保证抽样的样本确实来自所需的分布 $p(\boldsymbol{x})$。

吉布斯采样可以看作梅特罗波利斯-黑斯廷斯采样的一个特例。考虑梅特罗波利斯-黑斯廷斯算法中，对变量进行采样而向量中其他变量保持不变的情况，从向量到向量的建议分布。由于采样过程中其他变量的值保持不变，梅特罗波利斯-黑斯廷斯算法中的接受概率可以写为

$$\alpha = \frac{p(\boldsymbol{x}^*)q(\boldsymbol{x} \mid \boldsymbol{x}^*)}{p(\boldsymbol{x})q(\boldsymbol{x}^* \mid \boldsymbol{x})} = \frac{p(x_i^* \mid \boldsymbol{x}_{-i}^*)p(\boldsymbol{x}_{-i}^*)p(x_i \mid \boldsymbol{x}_{-i}^*)}{p(x_i \mid \boldsymbol{x}_{-i})p(\boldsymbol{x}_{-i})p(x_i^* \mid \boldsymbol{x}_{-i})} = 1 \tag{2.12}$$

所以吉布斯采样的接受概率恒等于 1，即总是接受新的候选状态。

对 2.2 节中的二维正态分布，采用吉布斯算法进行抽样。首先获得向量中两个元素在抽样过程中的 k 时刻基于其他元素的条件分布，分别为 $p(x_1 \mid x_2^{k-1}) = N[\mu_1 + \rho_{21}(x_2^{k-1} - \mu_2), \sqrt{1-\rho_{21}^2}]$ 和 $p(x_2 \mid x_1^{k}) = N[\mu_2 + \rho_{12}(x_1^{k} - \mu_1), \sqrt{1-\rho_{12}^2}]$；然后采用吉布斯算法根据以上条件分布，分别对两个元素进行抽样，算法中初值仍然选为 $\boldsymbol{x}_0 = [0 \quad 3]^{\mathrm{T}}$。图 2.5 为通过吉布斯算法，抽样获得的 2 000 个样本，前 100

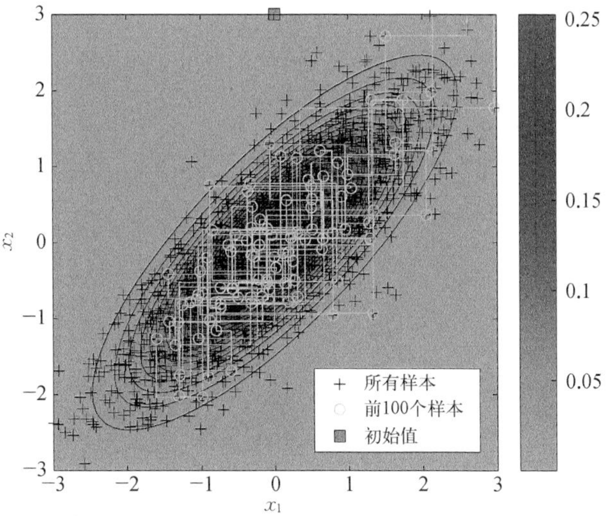

图 2.5　吉布斯算法对二维目标分布抽样示例

个样本的轨迹也在图中标出。由前 100 个样本的轨迹可以看出,在抽样的每一步中,算法先对 x_1 进行更新,再对 x_2 进行更新,这与基于元素分量更新的梅特罗波利斯-黑斯廷斯算法类似;但吉布斯算法的每一次更新都直接接受新的状态,这与梅特罗波利斯-黑斯廷斯算法显著不同。

2.4 混合蒙特卡罗算法

梅特罗波利斯-黑斯廷斯算法和吉布斯算法是两种最常用的马尔可夫链蒙特卡罗算法,但它们都具有较低的混合效率,即马尔可夫链需要较长的时间才能对目标分布进行充分抽样。这一方面是由于马尔可夫链本身“随机游动”的性质,另一方面也是由于样本容易陷入高概率区域。因此,需要发展新的抽样机制来避免出现这些问题,提高混合效率。

1959 年,Alder 和 Wainwright 根据牛顿运动定律,将哈密尔顿动力学引入了分子模拟,用以描述分子的确定性运动。1987 年,Durane 等发表文章将马尔可夫链蒙特卡罗法与分子动力学相结合,提出了混合蒙特卡罗算法。混合蒙特卡罗算法结合了吉布斯采样、梅特罗波利斯-黑斯廷斯采样以及确定性分子动力学方法,可以用于高维复杂分布的抽样模拟,改进了建议概率分布的产生机制,避免陷入局部解。尤其是对于贝叶斯统计推断中经常会遇到的参数之间具有强相关性的情况,混合蒙特卡罗算法具有一定的优势。

根据哈密尔顿原理,对于一个具有位置向量 $\boldsymbol{x}$ 和动量向量 $\boldsymbol{p}$ 的 d 维动力学系统,如其哈密尔顿函数为 $H(\boldsymbol{x}, \boldsymbol{p})$,则其运动方程可写为

$$\begin{cases} \dfrac{\mathrm{d}x_i}{\mathrm{d}t} = \dfrac{\partial H}{\partial p_i} \\ \dfrac{\mathrm{d}p_i}{\mathrm{d}t} = -\dfrac{\partial H}{\partial x_i} \end{cases} \quad (i = 1, 2, \cdots, d) \tag{2.13}$$

如果将 $\boldsymbol{x}$ 和 $\boldsymbol{p}$ 合并成一个 $2d$ 维的向量 $\boldsymbol{z}$, $\boldsymbol{z} = (\boldsymbol{x}, \boldsymbol{p})$,则式(2.13)可以改写为

$$\frac{\mathrm{d}\boldsymbol{z}}{\mathrm{d}t} = \boldsymbol{J}\nabla H(\boldsymbol{z}) \tag{2.14}$$

其中,$\nabla H(\boldsymbol{z})$ 是 H 的梯度,$\boldsymbol{J}$ 是如下的一个 $2d$ 维的矩阵:

$$\boldsymbol{J} = \begin{bmatrix} \boldsymbol{0} & \boldsymbol{I} \\ \boldsymbol{I} & \boldsymbol{0} \end{bmatrix} \tag{2.15}$$

对于混合蒙特卡罗算法,通常采用如下的哈密尔顿函数:

$$H(\boldsymbol{x},\ \boldsymbol{p}) = U(\boldsymbol{x}) + K(\boldsymbol{p}) \tag{2.16}$$

其中，$U(\boldsymbol{x})$ 称为势能，定义为需要抽样的向量 $\boldsymbol{x}$ 概率分布的对数；$K(\boldsymbol{p})$ 称为动能，定义为 $K(\boldsymbol{p})=\boldsymbol{p}^{\mathrm{T}}\boldsymbol{M}^{-1}\boldsymbol{p}/2$，其中 $\boldsymbol{M}$ 是一个对称正定的质量矩阵。这样定义的动能对应于均值为零，协方差矩阵为 $\boldsymbol{M}$ 的高斯分布的对数。此时，系统运动方程可写为

$$\begin{cases} \dfrac{\mathrm{d}x_i}{\mathrm{d}t} = [\boldsymbol{M}^{-1}\boldsymbol{p}]_i \\ \dfrac{\mathrm{d}p_i}{\mathrm{d}t} = -\dfrac{\partial U}{\partial x_i} \end{cases} \quad (i = 1,\ 2,\ \cdots,\ d) \tag{2.17}$$

以上运动方程都为连续时间的形式，为使用计算机进行计算，需要用离散时间对哈密尔顿方程进行近似。研究表明，由于哈密尔顿系统的特性，采用传统的数值积分方法，如欧拉法，存在步长小、计算时间长、计算结果可能不收敛的情况，因而常用数值表现更好的蛙跳格式积分算法。

假设质量矩阵 $\boldsymbol{M}$ 为对角阵，其对角元素为 $m_1,\ m_2,\ \cdots,\ m_d$，则动能

$$K(\boldsymbol{p}) = \sum_{i=1}^{d} \frac{p_i^2}{2m_i} \tag{2.18}$$

此时采用蛙跳算法求解哈密尔顿方程的格式为

$$\begin{cases} p_i(t+\varepsilon/2) = p_i(t) - (\varepsilon/2)\dfrac{\partial U[\boldsymbol{x}(t)]}{\partial x_i} \\ x_i(t+\varepsilon) = x_i(t) + \varepsilon\dfrac{p_i(t+\varepsilon/2)}{m_i} \\ p_i(t+\varepsilon) = p_i(t+\varepsilon/2) - (\varepsilon/2)\dfrac{\partial U[\boldsymbol{x}(t+\varepsilon)]}{\partial x_i} \end{cases} \tag{2.19}$$

其中，ε 为计算步长。蛙跳算法首先以半步长从动量变量开始计算，然后以全步长用新的动量变量更新位置变量，最后再以半步长计算更新动量变量，如此循环。这一过程可以用于任意形式的动能函数，而不仅仅局限于目前采用的动能函数。

利用哈密尔顿动力学来对一个概率分布进行抽样，首先需要做的是将这个概率分布的密度函数转换为势能函数，并引入一个“虚拟化”的动量变量，然后在建立马尔可夫链的过程中，每一步都对动量进行重采样并以哈密尔顿动力学作为产生建议分布的机制实行梅特罗波利斯更新。

为了将需要抽样的概率分布与势能函数联系起来，可以利用统计力学中规范化的概率分布。给定一个物理系统的能量函数 $E(\gamma)$，γ 为系统状态，其规范化的概

率密度函数为

$$p(y) = \frac{1}{Z}\exp[-E(y)/T] \tag{2.20}$$

其中, T 是系统的温度; Z 是使得整个概率密度函数积分等于一的归一化常数。

对于具有位置向量 $\boldsymbol{x}$ 和动量向量 $\boldsymbol{p}$ 的哈密尔顿系统,其联合概率密度可以写为

$$p(\boldsymbol{x}, \boldsymbol{p}) = \frac{1}{Z}\exp[-H(\boldsymbol{x}, \boldsymbol{p})/T] \tag{2.21}$$

如果 $H(\boldsymbol{x}, \boldsymbol{p}) = U(\boldsymbol{x}) + K(\boldsymbol{p})$, 则

$$p(\boldsymbol{x}, \boldsymbol{p}) = \frac{1}{Z}\exp[-U(\boldsymbol{x})/T]\exp[-K(\boldsymbol{p})/T] \tag{2.22}$$

并且 $\boldsymbol{x}$ 和 $\boldsymbol{p}$ 相互独立,各向量有规范化的概率分布。

混合蒙特卡罗算法的每一个迭代步包含两个步骤: 第一步仅改变动量,第二步则同时改变位置和动量。每一步都遵守 $\boldsymbol{x}$ 和 $\boldsymbol{p}$ 联合分布的不变性。第一步中,因为动量变量独立于位置变量,可以从高斯分布中随机产生动量变量的新值,对于式(2.18)中描述的动能, d 个动量变量是相互独立的, p_i 对应的高斯分布具有零均值和方差 m_i。第二步,采用哈密尔顿动力学来产生一个新值,以进行梅特罗波利斯更新。从现有状态 $(\boldsymbol{x}, \boldsymbol{p})$ 出发,采用蛙跳算法以步长 ε 来计算哈密尔顿动力学 L 步以后的状态,作为建议状态 $(\boldsymbol{x}^*, \boldsymbol{p}^*)$。这个建议状态将以如下的概率被接受为马尔可夫链的下一个状态(假设 $T = 1$):

$$\begin{aligned}\alpha &= \min\{1, \exp[-H(\boldsymbol{x}, \boldsymbol{p})]\} \\ &= \min\{1, \exp[-U(\boldsymbol{x}^*) + U(\boldsymbol{x}) - K(\boldsymbol{p}^*) + K(\boldsymbol{p})]\}\end{aligned} \tag{2.23}$$

以下是混合蒙特卡罗法的算法流程:

第一步: 链指标 $k = 0$, 初始化位置向量 $\boldsymbol{x}_0$ 和动量向量 $\boldsymbol{p}_0$。

第二步: 链指标 $k = k + 1$, 从正态分布 $N(\boldsymbol{0}, \boldsymbol{M})$ 中随机产生一个新的动量向量 $\boldsymbol{p}'$。

第三步: 赋予蛙跳算法初值 $[\boldsymbol{x}(0), \boldsymbol{p}(0) = (\boldsymbol{x}_{k-1}, \boldsymbol{p}')]$ 并运行 L 时间步以获得一个建议状态 $(\boldsymbol{x}^*, \boldsymbol{p}^*) = [\boldsymbol{x}(t + L\varepsilon), \boldsymbol{p}(t + L\varepsilon)]$。

第四步: 计算接受概率 $\alpha = \min[1, \exp(-\Delta H)]$, 其中 $\Delta H = H(\boldsymbol{x}^*, \boldsymbol{p}^*) - H(\boldsymbol{x}_{k-1}, \boldsymbol{p}')$。如果接受建议状态 $(\boldsymbol{x}_k, \boldsymbol{p}_k) = (\boldsymbol{x}^*, \boldsymbol{p}^*)$, 否则 $(\boldsymbol{x}_k, \boldsymbol{p}_k) = (\boldsymbol{x}_{k-1}, \boldsymbol{p}')$。

第五步: 重复第二步至第四步,直至预设的链长达到为止。

同样对 2.2 节中的二维正态分布,采用混合蒙特卡罗法进行抽样。首先定义势能函数 $U(\boldsymbol{x})=\frac{1}{2}\boldsymbol{x}^{\mathrm{T}}\boldsymbol{\Sigma}^{-1}\boldsymbol{x}$($\boldsymbol{\Sigma}$ 为目标函数的协方差矩阵)和动能函数 $K(\boldsymbol{p})=\frac{1}{2}\boldsymbol{p}^{\mathrm{T}}\boldsymbol{p}$;然后采用蛙跳积分格式求解哈密尔顿运动方程,进行样本的更新和抽样。算法中初值仍然选为 $\boldsymbol{x}_0=[0\quad 3]^{\mathrm{T}}$,步长 $\varepsilon=0.1$,时间步数 $L=20$。图 2.6 所示为通过混合蒙特卡罗算法,抽样获得的 2 000 个样本,前 100 个样本的轨迹也在图中标出。由前 100 个样本的轨迹中可以看出,与之前介绍的抽样算法相比,混合蒙特卡罗算法收敛性更快,能使抽取的样本很快进入目标分布的高概率区,具有很高的效率;样本之间的距离较大,自相关性显著降低。

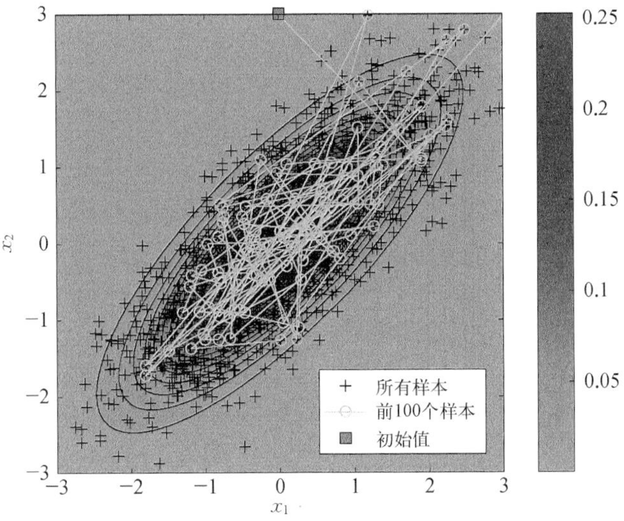

图 2.6　混合蒙特卡罗算法对二维目标分布抽样示例

第三章　贝叶斯模型修正及应用

在结构健康监测中,有一类损伤识别方法是通过传感器测量数据对数学和力学模型进行匹配和修正,以识别获得模型的有关参数。这些识别出的模型参数变化可以用于判断结构中损伤的情况,如损伤是否发生、损伤的位置以及损伤的程度(参数的变化程度)等。为了对模型参数进行识别,需要一套数学方法根据测量数据对模型中待识别的参数进行调整和修正。传统的基于导数的数学优化方法(如敏感性分析方法和最小二乘方法),以及基于群智能的优化算法(如遗传算法和粒子群算法),在模型修正以及结构损伤识别中已有很多应用。这些方法修正获得的最终模型参数通常都是单个的值,可以归为确定性的模型修正和参数识别方法。

确定性的模型修正和参数识别方法在应用时存在一些概念上的问题。例如,通常建立的数学和力学模型仅仅是物理实体的抽象,模型中的参数可能没有唯一正确的值与之对应;同时,在建立模型的过程中往往只关注主要的因素而忽略很多次要的因素,不可避免地或多或少与物理实体之间存在建模误差;而传感器由于性能以及安装位置等因素,获得的测量数据存在信息不完整、含有噪声等测量误差的问题。这些因素给模型修正和参数识别带来的影响都是不确定性的,因此近年来可以考虑不确定性因素影响的贝叶斯概率统计方法得到了学术界的广泛关注,基于贝叶斯统计推断的模型修正方法也得到了大量的应用。

本章首先介绍贝叶斯模型修正的基本原理,然后介绍几种贝叶斯模型更新的计算方法用于获得模型各参数的后验概率密度,最后通过结合两个具体的例子,基于兰姆波的损伤定位以及复合材料结构冲击载荷识别,演示贝叶斯模型修正在结构健康监测中的应用。

3.1　贝叶斯模型修正基本原理

贝叶斯模型修正的一个重要概念是“随机嵌入”(stochastic embedding),即将确定性的系统模型嵌入一个随机框架中,形成一概率模型类(或称为贝叶斯模型类)M,并且包含了一组不确定性的模型参数,用参数向量 $\boldsymbol{\theta}=[\theta_1, \theta_2, \cdots, \theta_{n_\theta}]^{\mathrm{T}}$ 表示,n_θ 为参数向量中所含有的不确定性参数的个数。对于模型类 M,每个确定的参数向量 $\boldsymbol{\theta}$ 可以看作唯一地对应于一个确定的模型。但参数向量 $\boldsymbol{\theta}$ 的选择可能存在不确定性,可以把它看作随机变量,需要用概率密度函数来确定参数向量的分布。这与贝叶斯统计理论的观点是一致的,可以从贝叶斯统计推断的角度对模型进行修正并识别参数向量及其不确定性。

采用两组基本的概率模型来描述该模型类的不确定性行为:一组可能的输出概率模型(或称为似然函数模型),以及一组先验概率模型。每个可能的输出概率模型通过赋予模型类 M 的参数向量 $\boldsymbol{\theta}$ 的条件概率来部分度量系统输出的不确定性,而先验概率模型则通过赋予参数向量 $\boldsymbol{\theta}$ 的先验概率给出每个模型初始相对可能性的度量。

假设可获得的测量数据 D 包含了系统的部分或全部输出。模型类中每个系统概率模型通过测量数据 D 的更新后,其相对可信度可以由该模型的不确定性参数向量 $\boldsymbol{\theta}$ 的后验概率密度 $p(\boldsymbol{\theta} \mid D, M)$ 来描述。由贝叶斯定理可得

$$p(\boldsymbol{\theta} \mid D, M) = c^{-1} p(D \mid \boldsymbol{\theta}, M) p(\boldsymbol{\theta} \mid M) \tag{3.1}$$

其中,$c = p(D \mid M) = \int p(D \mid \boldsymbol{\theta}, M) p(\boldsymbol{\theta} \mid M) \mathrm{d}\boldsymbol{\theta}$ 是一个归一化常数;$p(D \mid \boldsymbol{\theta}, M)$ 是似然函数,描述了基于模型输出获得测量数据 D 的概率,度量了测量数据与模型输出之间的吻合程度;$p(\boldsymbol{\theta} \mid M)$ 则是参数向量 $\boldsymbol{\theta}$ 的初始先验概率密度。以上所有的概率密度都是基于模型类 M 的条件概率密度,在不影响理解的情况下可以将式中的符号 M 省略。常数 c 又称为给定测量数据 D 条件下模型组 M 的边缘似然,或称为证据。由于其是一个常数,不会影响后验概率密度的分布形态,在贝叶斯模型修正中通常可以不考虑,所以式(3.1)可以被修改为

$$p(\boldsymbol{\theta} \mid D) \propto p(D \mid \boldsymbol{\theta}) p(\boldsymbol{\theta}) \tag{3.2}$$

任何确定性的参数化系统模型都可以嵌入随机框架来建立概率模型类。假设测量数据为 $D = \{\boldsymbol{y}(t_l), l = 1, 2, \cdots, n_s\}$,其中 $\boldsymbol{y}(t_l)$ 包含了在总共 n_o 个传感位置获取的在离散时间点 t_l 处的结构响应测量数据,n_s 为每个传感点响应的总采样点数。引入系统输出的不确定性误差 $\boldsymbol{\varepsilon}(t_l, \boldsymbol{\theta})$,其是测量到的系统输出 $\boldsymbol{y}(t_l)$ 和模型输出 $\widehat{\boldsymbol{y}}(t_l, \boldsymbol{\theta})$ 之间的差,即

$$\boldsymbol{y}(t_l) = \widehat{\boldsymbol{y}}(t_l, \boldsymbol{\theta}) + \boldsymbol{\varepsilon}(t_l, \boldsymbol{\theta}) \tag{3.3}$$

误差 $\boldsymbol{\varepsilon}(t_l, \boldsymbol{\theta})$ 连接了系统实际行为与不确定性模型的行为。模型输出 $\widehat{\boldsymbol{y}}(t_l, \boldsymbol{\theta})$ 是参数向量 $\boldsymbol{\theta}$ 的函数,通常来说是非线性的,需要结合具体的结构模型形式,如解析模型、有限元模型等进行计算。误差 $\boldsymbol{\varepsilon}$ 的确定可以根据一定的原则,如采用最大熵原理,引入误差 $\boldsymbol{\varepsilon}(t_l, \boldsymbol{\theta})$ 的参数化概率模型。最大熵原理表明,受参数化约束后,应该选择产生最大不确定性(具有最大的香农熵)的概率模型,任何其他概率模型的选择都会导致预测不确定性的不合理减少。

Beck 等(2010,1998)等指出,为了使信息熵最大化,一种较为简便的概率模型

选择是离散的高斯白噪声，满足任意时刻预测误差的均值为零、误差方差或协方差矩阵可以参数化的要求。由此，在任意时刻，系统输出 $\boldsymbol{y}(t_l)$ 基于参数向量 $\boldsymbol{\theta}$ 的条件概率密度服从以模型输出 $\widehat{\boldsymbol{y}}(t_l, \boldsymbol{\theta})$ 为均值、$\boldsymbol{\Sigma}$ 为参数化协方差矩阵的高斯分布，即

$$p[\boldsymbol{y}(t_l) \mid \boldsymbol{\theta}] = \frac{1}{(2\pi)^{n_o/2}|\boldsymbol{\Sigma}|^{1/2}}\exp\left\{-\frac{1}{2}[\boldsymbol{y}(t_l)-\widehat{\boldsymbol{y}}(t_l, \boldsymbol{\theta})]^{\mathrm{T}}\boldsymbol{\Sigma}^{-1}[\boldsymbol{y}(t_l)-\widehat{\boldsymbol{y}}(t_l, \boldsymbol{\theta})]\right\} \tag{3.4}$$

对于同一结构上的传感点，通常可以假设测量误差是独立同分布的，拥有相同的方差，因此协方差矩阵可以简化为 $\boldsymbol{\Sigma}=\sigma^2\boldsymbol{I}$，其中 $\boldsymbol{I}$ 为单位矩阵，σ^2 为方差，式(3.4)可以写为

$$p[\boldsymbol{y}(t_l) \mid \boldsymbol{\theta}] = \frac{1}{(2\pi\sigma^2)^{n_o/2}}\exp\left\{-\frac{1}{2\sigma^2}[\boldsymbol{y}(t_l)-\widehat{\boldsymbol{y}}(t_l, \boldsymbol{\theta})]^{\mathrm{T}}[\boldsymbol{y}(t_l)-\widehat{\boldsymbol{y}}(t_l, \boldsymbol{\theta})]\right\} \tag{3.5}$$

由此，对于所有时刻的测量数据，其似然函数可写为

$$p(D \mid \boldsymbol{\theta}) = \prod_{l=1}^{n_s} p[\boldsymbol{y}(t_l) \mid \boldsymbol{\theta}] = \frac{1}{(2\pi\sigma^2)^{n_s n_o/2}}\exp\left[-\frac{n_s n_o}{2\sigma^2}J(\boldsymbol{\theta}; D)\right] \tag{3.6}$$

式中，

$$J(\boldsymbol{\theta}; D) = \frac{1}{n_s n_o}\sum_{i=l}^{n_s}[\boldsymbol{y}(t_l)-\widehat{\boldsymbol{y}}(t_l, \boldsymbol{\theta})]^{\mathrm{T}}[\boldsymbol{y}(t_l)-\widehat{\boldsymbol{y}}(t_l, \boldsymbol{\theta})] \tag{3.7}$$

为了进一步完善概率模型类，不确定性参数向量 $\boldsymbol{\theta}$ 的先验概率密度函数需要预先指定来反映每个初始模型的相对可信度。参数向量 $\boldsymbol{\theta}$ 的先验概率密度可以依据历史数据资料或专家的经验知识，根据具体问题分析确定，如可以假设服从多维的高斯分布，也可以认为其各个分量是独立的，对各个分量分别定义合适的先验概率密度，再合并成联合概率密度。

3.2 贝叶斯模型修正计算方法

3.2.1 拉普拉斯渐近解法

Beck 和 Katafygiotis(1998)指出，当测量数据较多而待识别的模型参数个数相

对较少时，采用贝叶斯定理更新后模型参数后验概率密度将在最优参数处呈现较窄的尖峰分布形态。这些尖峰分布处的参数值比其他平坦分布处的参数值具有更高的概率。由此可以采用拉普拉斯方法获得渐近解，用有限个最优解的加权和来近似后验概率密度。

通常来说，除了参数向量 $\boldsymbol{\theta}$ 外，方差 σ^2 也是未知的，因此可以将参数向量和方差进行统一求解，式(3.2)可以改写为

$$p(\boldsymbol{\theta},\ \sigma^2 \mid D) \propto p(D \mid \boldsymbol{\theta},\ \sigma^2)p(\boldsymbol{\theta},\ \sigma^2) \tag{3.8}$$

$$p(\boldsymbol{\theta} \mid D) \propto \int_0^{\infty} p(D \mid \boldsymbol{\theta},\ \sigma^2)p(\boldsymbol{\theta},\ \sigma^2)\mathrm{d}\sigma^2 \tag{3.9}$$

式中，$p(\boldsymbol{\theta},\ \sigma^2 \mid D)$ 和 $p(\boldsymbol{\theta},\ \sigma^2)$ 分别是 $\boldsymbol{\theta}$ 和 σ^2 的联合后验概率密度和联合先验概率密度，似然函数 $p(D \mid \boldsymbol{\theta},\ \sigma^2)$ 的具体表达式与(3.6)相同。

当 n_s 的值较大时(即测量数据的采样点数较多时)，可以假设先验概率密度 $p(\boldsymbol{\theta},\ \sigma^2)$ 是 σ^2 的慢变函数；$p(\boldsymbol{\theta} \mid D)$ 的值在定义范围的大多数区域都小到可以忽略，而只在使其取全局最大值的参数值 $\widehat{\boldsymbol{\theta}}$ 附近有意义。此时，最优方差取全局最小值 $\widehat{\sigma}^2(\widehat{\boldsymbol{\theta}}) = J(\widehat{\boldsymbol{\theta}})$。

因此，可能性最大的预测误差方差等同于所有传感点处的预测误差之和的平均值。同时，式(3.9)的积分可以近似为

$$p(\boldsymbol{\theta} \mid D) \propto J(\boldsymbol{\theta};D)^{-(n_s n_o - 1)/2} p[\boldsymbol{\theta},\ \widehat{\sigma}^2(\boldsymbol{\theta})] \tag{3.10}$$

通过对式(3.10)分析可以发现，在每个使得 $J(\boldsymbol{\theta};\ D)$ 取全局最小值的最优参数 $\widehat{\boldsymbol{\theta}}$ 处，后验概率密度具有比较窄的尖峰分布形态。当模型类在测量数据支撑下为可识别的，即存在有限个数的最优参数，记为 $\widehat{\boldsymbol{\theta}}^{(k)}(k = 1,\ 2,\ \cdots,\ K)$，可以用加权求和的高斯分布来获得参数向量 $\boldsymbol{\theta}$ 的后验概率密度的渐近解。在每个最优参数处，后验概率密度可近似为均值为 $\widehat{\boldsymbol{\theta}}^{(k)}$，协方差为 $\boldsymbol{H}^{-1}(\widehat{\boldsymbol{\theta}}^{(k)})$ 的多维高斯分布 $N[\widehat{\boldsymbol{\theta}}^{(k)},\ \boldsymbol{H}^{-1}(\widehat{\boldsymbol{\theta}}^{(k)})]$。其中 $\boldsymbol{H}(\widehat{\boldsymbol{\theta}})$ 为函数 $g(\boldsymbol{\theta};\ D) = n_o n_s \ln J(\boldsymbol{\theta};\ D)$ 在 $\widehat{\boldsymbol{\theta}}$ 处的海森矩阵，其元素为

$$[\boldsymbol{H}(\boldsymbol{\theta})]_{rs} = -\frac{\partial^2 g(\boldsymbol{\theta};\ D)}{\partial\theta_r \partial\theta_s} \tag{3.11}$$

式中，θ_r 和 θ_s 分别表示参数向量 $\boldsymbol{\theta}$ 的第 r 个和第 s 个元素 $(r,\ s = 1,\ 2,\ \cdots,\ n_\theta)$。

因此，参数向量 $\boldsymbol{\theta}$ 后验概率密度的拉普拉斯渐近解为

$$p(\boldsymbol{\theta} \mid D) \approx \sum_{k=1}^{K} w_k N[\widehat{\boldsymbol{\theta}}^{(k)},\ \boldsymbol{H}^{-1}(\widehat{\boldsymbol{\theta}}^{(k)})] \tag{3.12}$$

其中权系数 w_k 定义为

$$w_k = \frac{p(\widehat{\boldsymbol{\theta}}^{(k)}) | \boldsymbol{H}(\widehat{\boldsymbol{\theta}}^{(k)}) |^{-1/2}}{\sum_{k=1}^{K} p(\widehat{\boldsymbol{\theta}}^{(k)}) | \boldsymbol{H}(\widehat{\boldsymbol{\theta}}^{(k)}) |^{-1/2}} \tag{3.13}$$

可以采用确定性方法中常用的最优化方法以及智能优化算法对参数向量 $\boldsymbol{\theta}$ 和方差 σ^2 进行求解,获得最优解。但与传统确定性方法不同,在将获得的最优解代入式(3.12)后,最终的贝叶斯解获得的是参数向量的后验概率密度分布,而不是单一的值,可以从后验分布中获得所需参数的点估计和区间估计,并定量分析其不确定性。

3.2.2 马尔可夫链蒙特卡罗解法

拉普拉斯渐近解法仅适用模型可识别以及测量数据较多的情况,这时候参数向量的后验概率密度在最优参数值附近呈尖峰状分布。但更多的时候,测量的数据有限,参数向量的后验概率密度也比较平缓,式(3.12)给出的渐近解就不适用了。

同时,为了对参数向量 $\boldsymbol{\theta}$ 中的每一个分量 $\theta_j(j = 1, 2, \cdots, n_\theta)$ 进行估计和修正,需要通过对式(3.1)进行积分获得其边缘概率密度:

$$p(\theta_j | D, M) = \int p(\boldsymbol{\theta} | D, M) \mathrm{d}\boldsymbol{\theta}_{-j} \propto \int p(D | \boldsymbol{\theta}, M) p(\boldsymbol{\theta}) \mathrm{d}\boldsymbol{\theta}_{-j} \tag{3.14}$$

其中,$\int \mathrm{d}\boldsymbol{\theta}_{-j}$ 表示对 $\boldsymbol{\theta}$ 中除了 θ_j 以外的参数进行高维积分。

式(3.14)给出了计算各参数边缘概率密度的一般表达式。当获得各参数的边缘概率密度后,就可以对各参数进行估计。但由于式(3.14)涉及参数的多维积分,对于一般的问题,通常不能获得解析解或渐近解。对于一般问题参数向量的后验概率密度,以及参数向量中各元素的边缘概率密度,需要用基于蒙特卡罗的模拟方法,尤其是马尔可夫链蒙特卡罗法来获得近似数值解。

3.3 基于兰姆波和贝叶斯模型修正的损伤定位

3.3.1 兰姆波损伤定位原理

兰姆波是指在板结构中由于平行边界反射,由纵波和横波叠加而成、沿平行边界方向行进的弹性超声导波。在板类结构中激发诊断兰姆波,通过信号处理技术来分析传感器接收到的波信号,就可以提取波中包含的有关损伤的特征信息。兰姆波能在结构中传输较长的距离,非常适合监测像机翼和机身这样的大面积结构。

在基于兰姆波的损伤识别方法中，较早发展起来的一类方法是基于散射波传播时间的损伤识别方法。与声波、电磁波等类似，当兰姆波在结构中传播遇到损伤时，就会向各个方向散射。通过提取散射波的到达时刻，根据距离、时间和波速三者之间的关系就可以采用多种方法计算出损伤的位置。如 Kehlenbach 等(2002)提出了一种基于散射兰姆波传播时间的椭圆算法用于确定结构中损伤的位置，把激励器和传感器看作椭圆的两个焦点，则以此两个焦点可画出一个椭圆。由另一组激励器和传感器可画出第二个椭圆，由此类推得到的多个椭圆的交点即为损伤的位置，如图 3.1(a)所示。但这需要的前提是所有测量获得的损伤散射波传播时间以及理论波速都是准确的。在实际损伤识别过程中，测量和建模中都不可避免地会包含误差和不确定性，例如：损伤的尺寸和程度事先未知，其会对散射波的传播产生影响，进而给理论预测散射波的传播时间带来不确定性影响；传感器的尺寸也往往不考虑，这会给损伤定位带来一定程度的误差。另外，由于兰姆波所固有的频散现象，散射波包在传播过程中会产生变形，影响传播时间测量的精度，且不同信号处理方法获得的散射波传播时间可能也会不同。在过去十多年的时间中，研究者已提出了多种信号处理方法，尤其是时频分析方法，如短时傅里叶变换、维格纳-维利分布、连续小波变换、希尔伯特-黄变换、匹配追踪算法等，来提高兰姆波传播时间测量的精度。然而，即使是在时域和频域同时具有较好分辨率的连续小波变换，仍然存在由海森堡测不准原理确定的系统不确定性。还有对于任一结构，其材料属性都有可能与名义值有差异，同时还可能受到外界环境、温度、载荷等因素的影响，给计算理论波速带来不确定性影响。因此，在实际情况中，识别出的损伤位置不可能正好位于几个椭圆的交点，而应该落在一个重叠的小区域内，如图 3.1(b)所示。

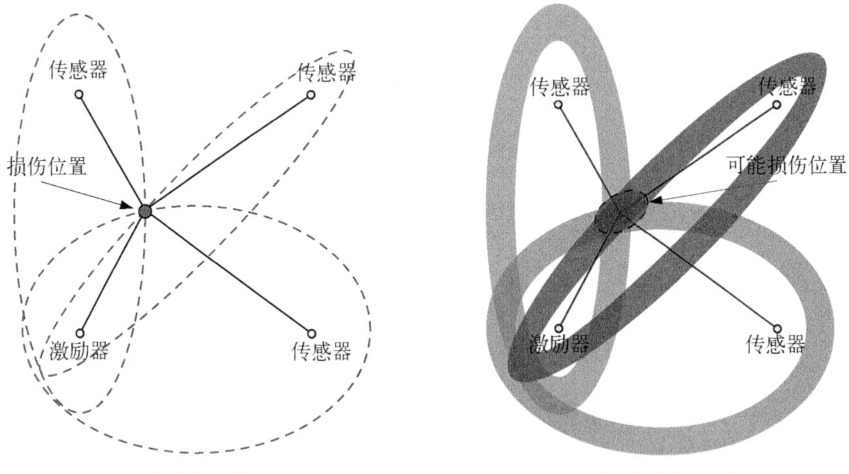

(a) 确定性方法　　(b) 不确定性方法

图 3.1　兰姆波损伤定位示意图

本节介绍一种基于兰姆波和贝叶斯模型修正的方法，考虑不确定性因素的影响，将贝叶斯统计推断理论引入兰姆波损伤定位中，通过将散射波传播时间模型嵌入贝叶斯模型修正的框架中，应用损伤散射波的传播时间对损伤进行定位。与传统确定性方法只能给出损伤位置的单点识别结果不同，贝叶斯方法能够更好地考虑损伤识别中的不确定性因素，给出损伤位置的概率分布，定量分析识别结果的不确定性，提高损伤识别的可靠度。

3.3.2　损伤定位问题与求解

假设在板结构上布置了一传感器网络（部分或全部传感器既能在结构中激励又能接收兰姆波信号），形成 n_p 个激励-接收路径。在每条激励-接收路径上，损伤散射波的传播时间定义为兰姆波从激励传感器出发，经过损伤再到达接收传感器的时间。图 3.2 为计算散射波传播时间的示意图。因此，在第 i 条激励-接收路径上，散射波传播时间 T_i^c 可以由下式计算：

$$T_i^c = \frac{\sqrt{(x_d - x_{ia})^2 + (y_d - y_{ia})^2}}{V_g(f)} + \frac{\sqrt{(x_d - x_{is})^2 + (y_d - y_{is})^2}}{V_g(f)} \tag{3.15}$$

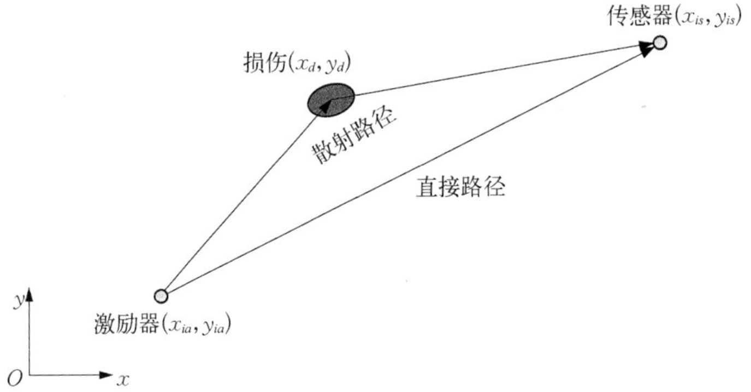

图 3.2　散射波传播时间计算模型

其中，(x_d, y_d)、(x_{ia}, y_{ia})和(x_{is}, y_{is})分别为第 i 条激励-接收路径上损伤、激励传感器和接收传感器的中心坐标，V_g 是兰姆波传播速度，是依赖于激励频率 f 的函数。在式(3.15)中，传感器和损伤的尺寸都没有考虑在内。由于结构材料性质所具有的不确定性会对理论波速产生影响，因此将波速 V_g 也作为未知参数与损伤中心坐标(x_d, y_d)一起进行识别，而不是采用材料性质的名义值事先计算。由此，该损伤定位问题的参数向量为 $\boldsymbol{\theta} = [x_d, y_d, V_g]^{\mathrm{T}}$。为方便起见，以下用 $\theta_j (j = 1, 2, 3)$ 来表示参数向量 $\boldsymbol{\theta}$ 中的第 j 个参数。

假设模型误差和测量噪声的不确定性可以分别用随机变量 ε_1 和 ε_2 来描述，则第 i 条激励-接收路径上损伤散射波的理论传播时间 T_i^c 与实际测量传播时间 T_i^m 之间的关系可以描述为

$$T_i^m = T_i^c(\boldsymbol{\theta}) + \varepsilon_{1i} + \varepsilon_{2i} \tag{3.16}$$

其中，T_i^c 由式(3.16)通过参数向量 $\boldsymbol{\theta}$ 计算获得；ε_1 和 ε_2 通常用独立的高斯型随机变量来描述，其均值为零，方差分别为 σ_1^2 和 σ_2^2。因此，似然函数可写为

$$p(D \mid \boldsymbol{\theta},\ \sigma^2) = \frac{1}{(2\pi\sigma^2)^{n_p/2}}\exp\left\{-\frac{1}{2\sigma^2}\sum_{i=1}^{n_p}\left[T_i^m - T_i^c(\boldsymbol{\theta})\right]^2\right\} \tag{3.17}$$

其中，$\sigma^2 = \sigma_1^2 + \sigma_2^2$。似然函数 $p(D \mid \boldsymbol{\theta},\ \sigma^2)$ 从概率的角度描述了在给定散射波时间模型和参数向量 $\boldsymbol{\theta}$ 的情况下，获得测量传播时间数据 $D = \{T_i^m,\ i = 1,\ 2,\ \cdots,\ n_p\}$ 的概率分布。为方便起见，式中的平方和可以简记为

$$Q(D,\ \boldsymbol{\theta}) = \sum_{i=1}^{n_p}\left[T_i^m - T_i^c(\boldsymbol{\theta})\right]^2 \tag{3.18}$$

采用贝叶斯定理，在测量传播时间数据支撑下参数向量和未知方差的联合后验概率密度 $p(\boldsymbol{\theta},\ \sigma^2 \mid D)$ 可以与先验概率密度 $p(\boldsymbol{\theta},\ \sigma^2)$ 和似然函数 $p(D \mid \boldsymbol{\theta},\ \sigma^2)$ 联系起来：

$$p(\boldsymbol{\theta},\ \sigma^2 \mid D) = \frac{p(D \mid \boldsymbol{\theta},\ \sigma^2)p(\boldsymbol{\theta},\ \sigma^2)}{p(D)} \tag{3.19}$$

其中，$p(\boldsymbol{\theta},\ \sigma^2 \mid D)$ 为参数向量 $\boldsymbol{\theta}$ 和未知方差 σ^2 的联合后验概率密度；$p(\boldsymbol{\theta},\ \sigma^2)$ 为参数向量 $\boldsymbol{\theta}$ 和未知方差 σ^2 的联合先验概率密度；$p(D) = \int p(D \mid \boldsymbol{\theta},\ \sigma^2)p(\boldsymbol{\theta},\ \sigma^2)\mathrm{d}\boldsymbol{\theta}\mathrm{d}\sigma^2$ 为边缘似然，是一个常数。

对于参数向量 $\boldsymbol{\theta}$ 中的每一个参数 θ_j，其边缘概率密度 $p(\theta_j \mid D)$ 可以通过对式(3.19)进行积分获得

$$p(\theta_j \mid D) = \int p(\boldsymbol{\theta} \mid D)\mathrm{d}\boldsymbol{\theta}_{-j}\mathrm{d}\sigma^2 \propto \int p(D \mid \boldsymbol{\theta})p(\boldsymbol{\theta})\mathrm{d}\boldsymbol{\theta}_{-j}\mathrm{d}\sigma^2 \tag{3.20}$$

其中，$\int \mathrm{d}\boldsymbol{\theta}_{-j}\mathrm{d}\sigma^2$ 表示对未知方差 σ^2 以及参数向量 $\boldsymbol{\theta}$ 中除了 θ_j 以外的参数进行多维积分。

式(3.20)给出了计算各参数边缘概率密度的一般表达式。当各参数的边缘概率密度获得后，就可以对各参数进行估计，实现对损伤位置和波速的识别。但由于式(3.20)涉及参数的多维积分，通常不能获得解析解，需要用马尔可夫链蒙特卡罗

法进行抽样获得足够多的样本来获得每个参数近似的边缘概率密度。

在这里,采用 Nichols 等(2010)提出的改进马尔可夫链蒙特卡罗方法对各参数的后验概率密度进行抽样。与传统的梅特罗波利斯-黑斯廷斯算法相比,该算法结合了吉布斯采样的概念,并且在“燃灭”阶段通过动态调整各参数随机游动的范围来提高接受率。同时,通过假设精度参数 $1/\sigma^2$ 服从无先验知识的共轭伽马分布,未知方差 σ^2 的样本可以从其逆伽马分布中直接抽样获得。

当获得多个激励-接收路径上损伤散射波的测量时间数据 D 后,由如下的步骤通过马尔可夫链蒙特卡罗法获得各个参数的后验概率密度 $p(\theta_j \mid D)$。

步骤 1: 设定马尔可夫链的总长度(即抽样的总样本数) k_t 和“燃灭”阶段的长度 k_b。

步骤 2: 初始化链指标 $k = 0$, 设定各个参数的初始值(从先验分布中随机生成) $\boldsymbol{\theta}(0) = [\theta_1(0), \theta_2(0), \theta_3(0)]^{\mathrm{T}}$, 以及随机游动长度 $L_j (j = 1, 2, 3)$, 从逆伽马分布 $IG(n_p/2 + 1, Q(D, \boldsymbol{\theta}(0))/2)$ 中抽样 $\sigma^2(0)$ [$IG(\alpha, \beta)$ 表示参数为 α 和 β 的逆伽马分布, $Q(D, \boldsymbol{\theta})$ 是由式(3.18)定义的平方和]。

步骤 3: 链指标 k 增加 1,对参数进行逐个抽样更新。对参数 θ_j 先随机生成一个候选值 $\theta_j^* = \theta_j(k - 1) + 2L_j \times U(-1, 1)$, 计算接受概率 $\alpha = \dfrac{p(\boldsymbol{\theta}^*)}{p[\boldsymbol{\theta}(k-1)]}\exp\left\{-\dfrac{\sigma^2(k-1)}{2} \times (Q(D, \boldsymbol{\theta}^*) - Q[D, \boldsymbol{\theta}(k-1)])\right\}$,其中,

当 $j = 1$, $\boldsymbol{\theta}^* = [\theta_1^*, \theta_2(k-1), \theta_3(k-1)]^{\mathrm{T}}$, $\boldsymbol{\theta}(k-1) = [\theta_1(k-1), \theta_2(k-1), \theta_3(k-1)]^{\mathrm{T}}$;

当 $j = 2$, $\boldsymbol{\theta}^* = [\theta_1(k), \theta_2^*, \theta_3(k-1)]^{\mathrm{T}}$, $\boldsymbol{\theta}(k-1) = [\theta_1(k), \theta_2(k-1), \theta_3(k-1)]^{\mathrm{T}}$;

当 $j = 3$, $\boldsymbol{\theta}^* = [\theta_1(k), \theta_2(k), \theta_3^*]^{\mathrm{T}}$, $\boldsymbol{\theta}(k-1) = [\theta_1(k), \theta_2(k), \theta_3(k-1)]^{\mathrm{T}}$。

从均匀分布 $U(0, 1)$ 中产生一个随机数 r, 当 $r < \alpha$, $\theta_j(k) = \theta_j^*$ 并调节随机游动长度 $L_j = L_j \times 1.01$, 否则 $\theta_j(k) = \theta_j(k-1)$ 并调节随机游动长度 $L_j = L_j/1.07$。

步骤 4: 从逆伽马分布 $IG(n_p/2 + 1, Q(D, \boldsymbol{\theta}(k))/2)$ 中直接抽取 $\sigma^2(k)$ 的样本。

步骤 5: 重复步骤 3 和步骤 4,直到 $k = k_t$ (当 $k > k_b$ 后,停止调节随机游动长度 L_j)。舍弃“燃灭”阶段的样本,并用后继样本形成的稳态马尔可夫链来近似各个参数的后验概率密度 $p(\theta_j \mid D)$。

3.3.3 数值仿真结果

采用数值仿真的方式验证以上基于兰姆波和贝叶斯模型修正的损伤定位方

法。数值仿真对象铝板的材料性质为：弹性模量 E=72 GPa，泊松比 v=0.3，密度 ρ=2 700 kg/m^3。采用有限元的方法来模拟获得损伤散射的兰姆波信号。

如图 3.3 所示，所考虑的铝板尺寸为 300 mm×300 mm×1.5 mm，在板中心设置坐标原点。在板结构上布置激励传感器和接收传感器，其坐标分别在表 3.1 中给出。考虑三种不同尺寸的孔洞损伤，其中心坐标都位于(40, 20)mm 处，尺寸分别为 2 mm×4 mm、4 mm×8 mm 以及 8 mm×8 mm。

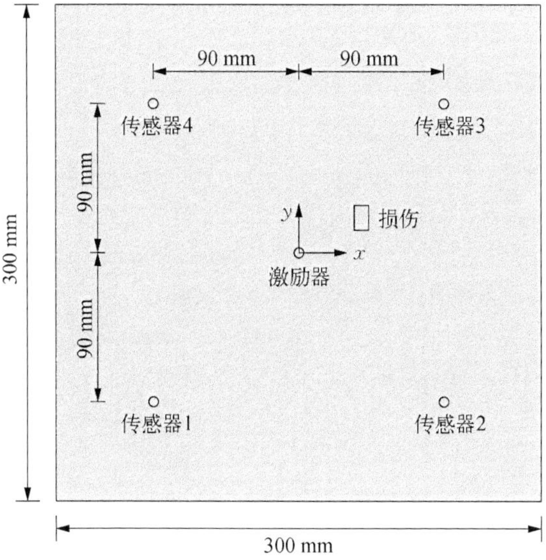

图 3.3　数值仿真结构及传感器布置示意图

表 3.1　激励与接收传感器坐标　（单位：mm）

	激励传感器	接收传感器 1	接收传感器 2	接收传感器 3	接收传感器 4	损伤
坐标	(0, 0)	(-90, -90)	(90, -90)	(90, 90)	(-90, 90)	(40, 20)

在数值仿真中，对激励传感器施加一调制的窄带信号，其中心频率为 100 kHz。该激励频率小于 A_1 模态兰姆波的截止频率，因此激励的仅仅是 A_0 模态兰姆波。损伤散射信号由有损和无损结构中传播的兰姆波信号相减获得。激励和接收信号都在有限元节点上施加和获取，因此暂不考虑传感器尺寸的影响。

图 3.4(a)所示为尺寸为 2 mm×4 mm 的孔洞损伤散射的兰姆波信号。图 3.4(b)所示为采用 Morlet 小波函数进行连续变换获得的在 100 kHz 处的小波系数幅值。从图上可以看出，每个信号小波系数幅值的第一个波峰对应着该频率上散射波的到达时刻。因此减去激励信号在 100 kHz 峰值对应的时刻(图上标出的 25 μs)，每个散射波信号的传播时间可以计算出来，如表 3.2 所示。根据这

些测量时间数据，采用前述的马尔可夫链蒙特卡罗方法就可以抽样获得损伤中心位置和波速的样本。对于先验概率密度，损伤中心位置的 $x-y$ 坐标均匀分布在[−90, 90] mm 范围内，波速则均匀分布在[0, 3 000] m/s 的范围内。图 3.5(a)所示为马尔可夫链蒙特卡罗法抽样获得的损伤中心 $x-y$ 坐标的样本，图 3.5(b)所示为抽样获得的在中心频率 100 kHz 处的兰姆波波速样本。对于每个参数，总共获得了 100 000 个样本，其中前 40 000 个样本设为“燃灭”阶段。图 3.6 所示为采用余下 60 000 个样本统计获得的各个参数直方图。采用正态分布对这些直方图进行了拟合，图 3.7(a)和(b)所示分别为损伤中心 $x-y$ 坐标的联合边缘概率密度的三维图和二维等值线图，模拟的损伤尺寸也在图上标出以便比较。

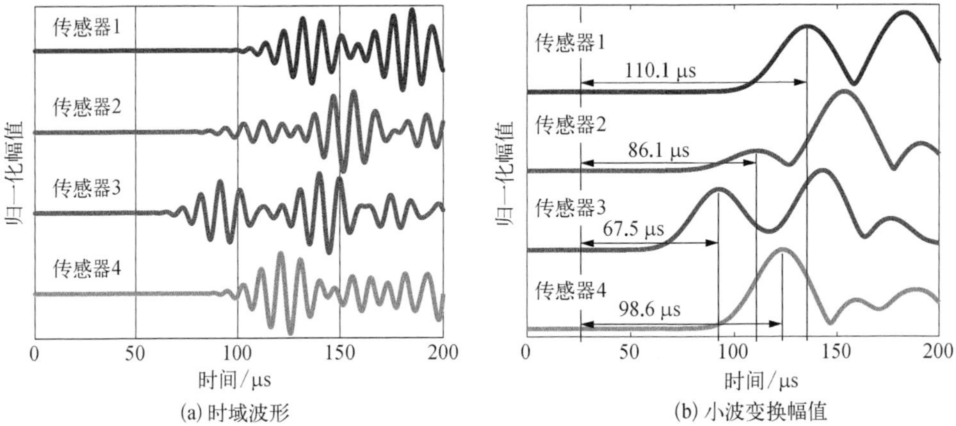

图 3.4　损伤散射波信号

表 3.2　小波变换测量的散射波传播时间　（单位：μs）

损伤尺寸	传播路径			
	激励传感器-接收传感器 1	激励传感器-接收传感器 2	激励传感器-接收传感器 3	激励传感器-接收传感器 4
2 mm×4 mm	110.1	86.1	67.5	98.6
4 mm×8 mm	111.0	85.4	67.4	97.7
8 mm×8 mm	109.8	82.9	67.1	94.7

对于尺寸为 4 mm×8 mm 和 8 mm×8 mm 的孔洞损伤，可以得到类似的结果。对于这两种损伤情况，连续小波变换获得的散射波传播时间数据也在表 3.2 中给出。图 3.8(a)和(b)所示分别为这两种损伤情况损伤中心 $x-y$ 坐标的联合边缘概率密度的二维等值线图，模拟的损伤尺寸也在图上标出以便比较。从图 3.7 和 3.8 所示的概率密度中可以估计出损伤中心位置以及波速的期望值和误差（期望

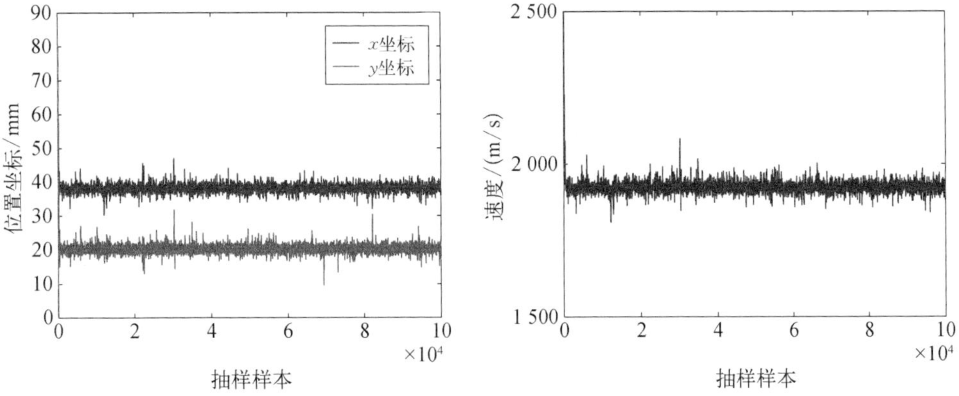

(a) 损伤中心坐标　　(b) 波速

图 3.5　损伤参数抽样样本

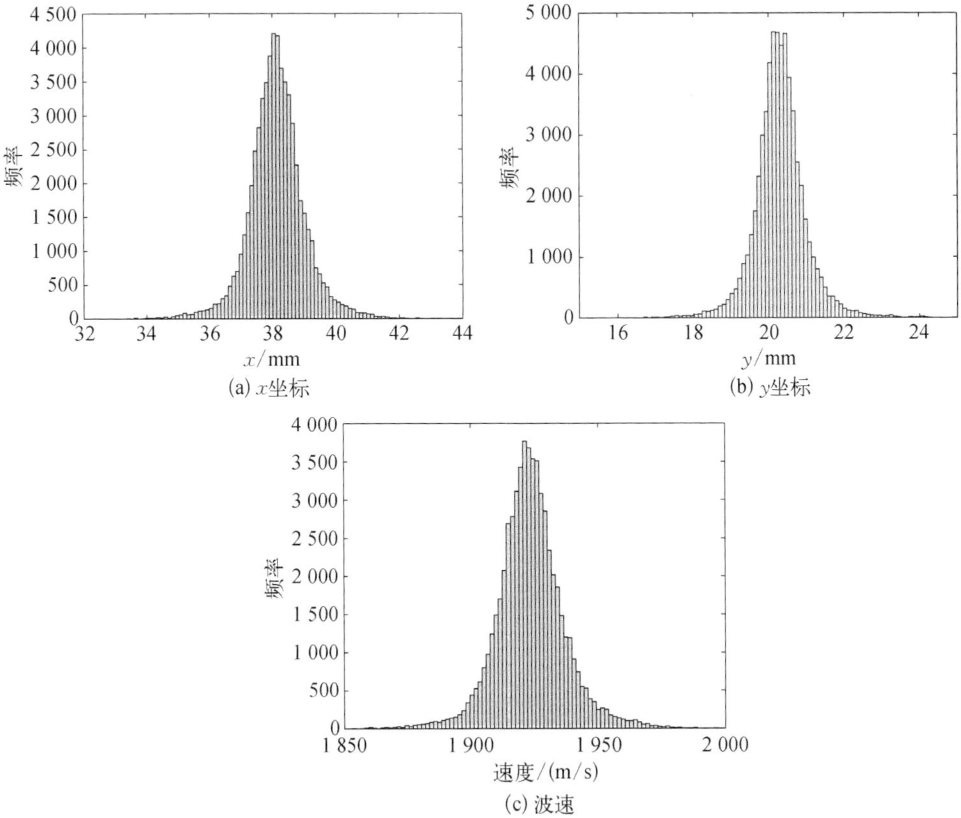

图 3.6　损伤参数样本直方图

值与实际值的差值除以传感器间距)，并定量给出不确定性(对于高斯分布，可以由变异系数来表征，即标准差除以期望值)。从图 3.7 和 3.8 以及表 3.3 中可以看出，损伤中心位置坐标和波速的期望值与实际值的误差都很小，但由于在损伤定位中没有考虑损伤尺寸的影响，随着损伤尺寸的增大，各个参数识别值的变异系数也在增大，即损伤参数识别值的不确定性也在增大。从结果可以看出，相对于确定性方法，贝叶斯模型修正给出了更多的信息，能够在损伤识别过程中考虑多种不确定性因素的影响。

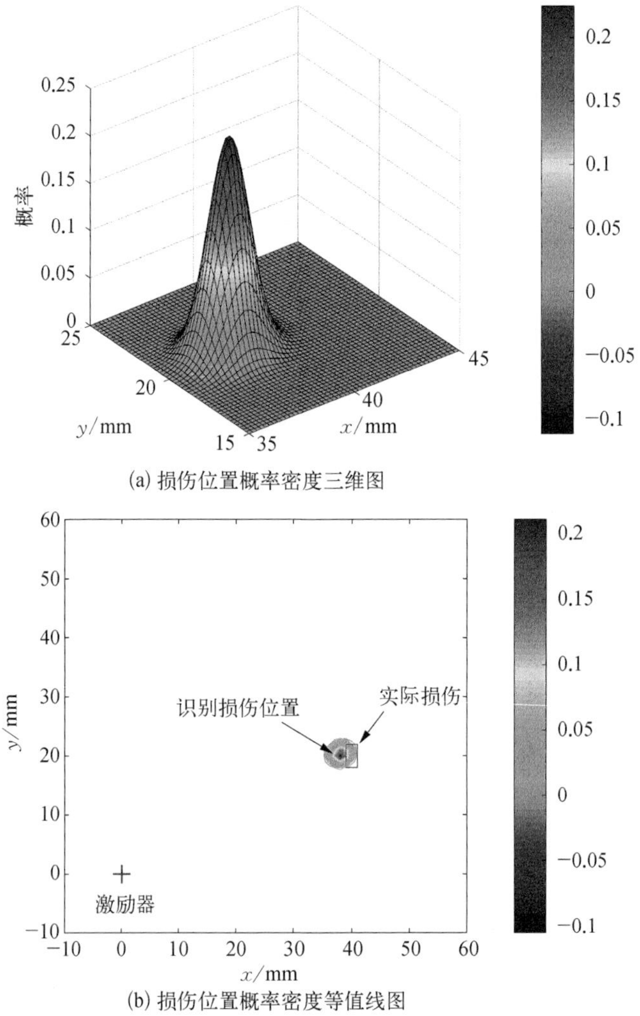

图 3.7　损伤情况 I 定位结果

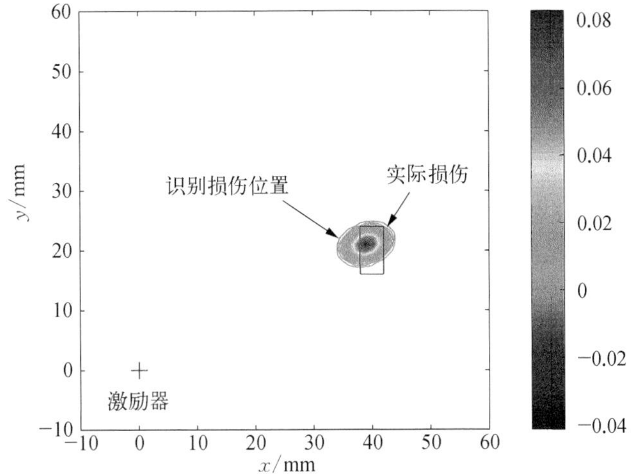

(a) 损伤情况Ⅱ

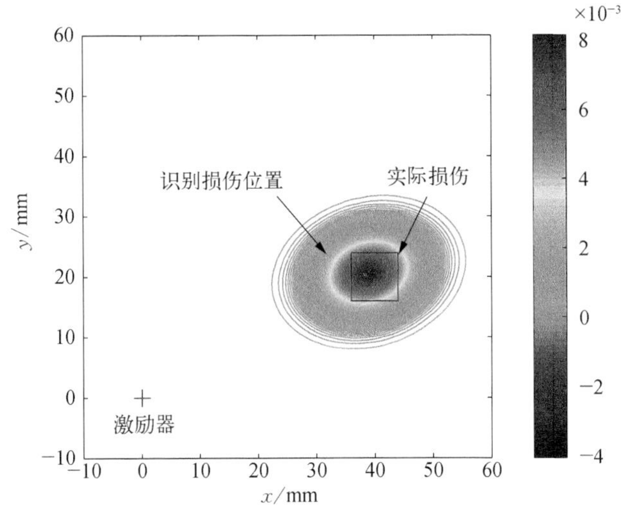

(b) 损伤情况Ⅲ

图 3.8　损伤位置概率密度等值线图

表 3.3　损伤定位识别结果

损伤尺寸	损伤中心坐标			波速		
	(x_d, y_d)/mm	变异系数/%	误差/%	V_g/(m/s)	变异系数/%	误差/%
2 mm×4 mm	(38.1, 20.3)	(2.3, 3.9)	1.1	1 923.3	0.7	-0.7
4 mm×8 mm	(39.1, 21.0)	(4.2, 5.7)	0.8	1 940.7	1.3	0.2
8 mm×8 mm	(39.0, 20.7)	(13.0, 18.7)	0.7	1 982.3	4.0	2.3

3.4　基于贝叶斯模型修正的复合材料结构冲击载荷识别

3.4.1　冲击载荷识别原理

在结构健康监测中,复合材料结构冲击载荷识别属于被动监测的范畴,只需使用传感器对冲击载荷引起的结构响应进行感应和分析,结合信号处理和载荷识别方法确定冲击载荷。复合材料结构冲击载荷识别包括两方面内容:冲击位置识别和冲击力时间历程重建。准确识别冲击位置有助于确定可能损伤位置,加速对重点部位的检测;而重建冲击力时间历程对于确定冲击能量,进而用实验和计算手段确定损伤模式和损伤程度具有重要帮助。

本节介绍一种基于贝叶斯模型修正的方法,同时识别冲击位置并重建冲击力时间历程。此方法将冲击载荷识别转换为模型修正问题,结合复合材料结构在冲击载荷作用下的响应模型,通过测量信息和先验知识,获得描述冲击位置和冲击力时间历程参数的概率分布。该方法的优点在于采用了一种简单有效的冲击载荷参数化模型,将冲击载荷识别的两方面内容,即空间域的冲击位置识别与时间域的冲击力时间历程识别,置于同一算法之下,同时识别冲击位置并重建冲击力时间历程,并能考虑模型误差和测量噪声等不确定性因素的影响。

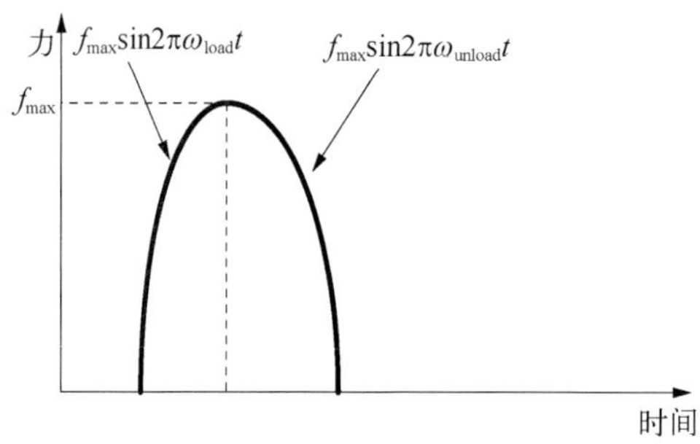

图 3.9　冲击力时间历程参数化模型

大量实验和数值仿真研究已表明,虽然在冲击过程中由于发生损伤,冲击力时间历程有一些波动,但总体上低速物体造成的冲击力仍为半正弦波形式。因此,将冲击力时间历程等效为两个幅值相同而频率不同的 1/4 周期正弦波的组合,如图 3.9 所示。用 3 个参数来描述冲击力时间历程,即冲击力的最大值 $f_{\max}$,加载阶段的正弦波频率 ω_{load} 和卸载阶段的正弦波频率 ω_{unload}。再加上描述冲击位置横、纵坐标的参数(x_{impact}, y_{impact}),待识别的参数向量可以写为 $\boldsymbol{\theta} = [x_{\text{impact}} \quad y_{\text{impact}} \quad f_{\max} \quad \omega_{\text{load}} \quad \omega_{\text{unload}}]^{\mathrm{T}}$。以下为方便起见,参数向量 $\boldsymbol{\theta}$ 的第 j ($j = 1, 2, \cdots, 5$) 个分量用 θ_j 来表示。

接着将冲击载荷识别问题转换为参数识别问题,从贝叶斯模型修正的角度来进行求解。假设在复合材料结构上布置了多个传感器用于测量冲击载荷作用下的动态响应 w (w 可以是位移或应变等)。离散形式下,冲击响应 w 与模型输出之间

关系的概率描述可写为

$$w(n) = y(\boldsymbol{\theta}, n) + \varepsilon_1 + \varepsilon_2 \qquad n = 1, 2, \cdots, n_s \tag{3.21}$$

其中，y 是复合材料结构正向冲击模型在包含参数向量 $\boldsymbol{\theta}$ 情况下计算的无噪声响应；n 表示测量信号的第 n 个采样时刻；n_s 表示信号总的采样点数量；ε_1 和 ε_2 分别用于描述模型误差和测量噪声的不确定性。假设 ε_1 和 ε_2 为独立高斯随机变量，其均值为零，方差分别为 σ_1^2 和 σ_2^2。因此，似然函数可以写为

$$p(D \mid \boldsymbol{\theta}, \sigma^2) = \frac{1}{(2\pi\sigma^2)^{n_s/2}} \exp\left\{-\frac{1}{2\sigma^2}\sum_{n=1}^{n_s}[w(n) - y(\boldsymbol{\theta}, n)]^2\right\} \tag{3.22}$$

其中，方差 $\sigma^2 = \sigma_1^2 + \sigma_2^2$。似然函数 $p(D \mid \boldsymbol{\theta}, \sigma^2)$ 从概率的角度描述了给定正向冲击模型和参数向量 $\boldsymbol{\theta}$，以及模型输出 $\boldsymbol{y} = [y(1), \cdots, y(n_s)]$ 的情况下，获得测量数据 $D = \{w(n), n = 1, 2, \cdots, n_s\}$ 的概率分布。在有多个传感器信号的情况下，似然函数可以修改为

$$p(D \mid \boldsymbol{\theta}, \sigma^2) = \frac{1}{(2\pi\sigma^2)^{n_o n_s/2}} \exp\left\{-\frac{1}{2\sigma^2}\sum_{m=1}^{n_o}\sum_{n=1}^{n_s}[w_m(n) - y_m(\boldsymbol{\theta}, n)]^2\right\} \tag{3.23}$$

其中，m 表示第 m 个传感器；n_o 是传感器数量。

接着采用贝叶斯定理，在测量数据支持下参数向量和未知方差的联合后验概率密度 $p(\boldsymbol{\theta}, \sigma^2 \mid D)$ 可以与先验概率密度 $p(\boldsymbol{\theta}, \sigma^2)$ 和似然函数 $p(D \mid \boldsymbol{\theta}, \sigma^2)$ 联系起来，然后采用马尔可夫链蒙特卡罗法对各个参数进行抽样识别。具体实现与上节基于兰姆波的损伤定位问题类似，在此不再赘述。

3.4.2 复合材料结构正向冲击模型

复合材料冲击载荷识别的效果在很大程度上依赖于载荷识别的结构模型。针对复杂结构动力学响应计算，通常应用有限元的方法对结构进行建模，但有限元模型自由度多，计算时间长。为提高模型的效率，很多研究者采用等效的方法来建立复杂结构的动力学模型。Seydel 和 Chang(2001)发展了一种等效假设模态法，将复合材料加筋结构等效为材料性质不均匀分布的复合材料层板结构，用于计算复合材料加筋结构在冲击载荷下的响应。本节在数值仿真研究中将采用这种方法在冲击载荷识别过程中计算加筋复合材料结构在冲击载荷下的响应，验证贝叶斯模型修正方法用于冲击载荷识别的有效性。

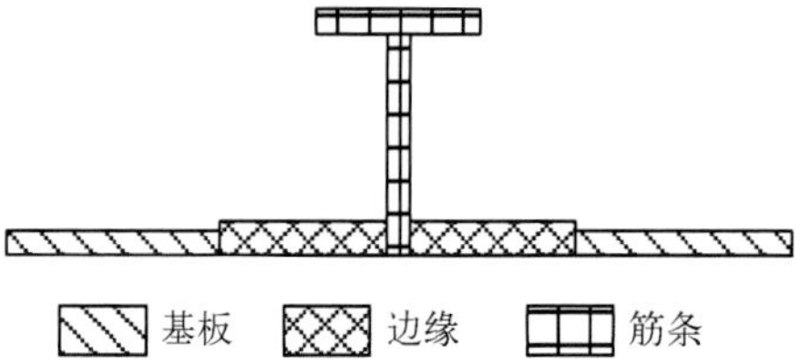

图 3.10　加筋复合材料结构等效示意图

图 3.10 所示为一加筋复合材料结构示意图,将之等效为材料性质不均匀分布的层板结构。整个结构被分成基板、边缘和筋条三个部分,基板和边缘部分的弯曲刚度矩阵由经典层板理论给出:

$$D_{ij} = \frac{1}{3}\sum_{k=1}^{n_{\text{plys}}} Q_{ij}^{k}(z_k^3 - z_{k-1}^3) \quad (3.24)$$

其中将基板和边缘部分的几何中面近似作为结构中面计算。筋条的弯曲和扭转性质以及密度采用梁理论等效为层板结构的相应性质:

$$D_{11} = \frac{EI}{d}, \quad D_{66} = \frac{GJ}{4d}, \quad \rho h = \frac{\rho A}{d} \quad (3.25)$$

其中,EI 为筋条的弯曲刚度;GJ 为筋条的扭转刚度;A 为筋条截面面积;d 为筋条厚度。

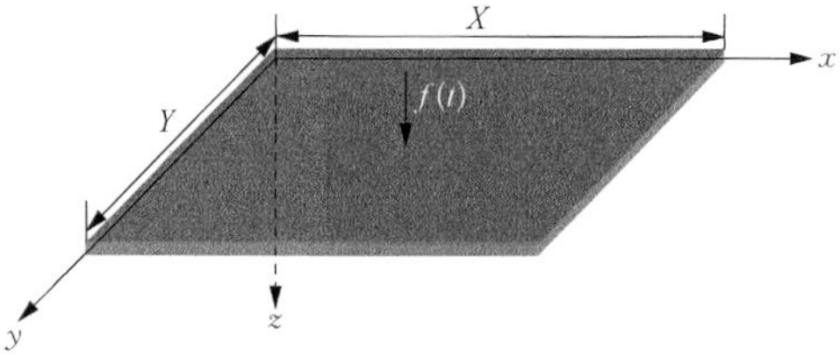

图 3.11　坐标系示意图

在如图 3.11 所示的坐标系中,基于经典层板理论,复合材料层板结构在冲击载荷作用下的运动方程可写为

$$\begin{aligned} f(t)\delta(x - x_{\text{impact}}, y - y_{\text{impact}}) = {} & \rho h \frac{\partial^2 w}{\partial t^2} + \frac{\partial^2}{\partial x^2}\left(D_{11}\frac{\partial^2 w}{\partial x^2} + D_{12}\frac{\partial^2 w}{\partial y^2} + 2D_{16}\frac{\partial^2 w}{\partial x \partial y}\right) \\ & + \frac{\partial^2}{\partial y^2}\left(D_{12}\frac{\partial^2 w}{\partial x^2} + D_{22}\frac{\partial^2 w}{\partial y^2} + 2D_{26}\frac{\partial^2 w}{\partial x \partial y}\right) \\ & + 2\frac{\partial^2}{\partial x \partial y}\left(D_{16}\frac{\partial^2 w}{\partial x^2} + D_{26}\frac{\partial^2 w}{\partial y^2} + 2D_{66}\frac{\partial^2 w}{\partial x \partial y}\right) \end{aligned} \quad (3.26)$$

其中,$f(t)$ 为冲击力时间历程;$(x_{\text{impact}}, y_{\text{impact}})$ 为冲击位置;w 是结构横向位移;$\boldsymbol{D}_{ij}$ 是基于经典层板理论的弯曲刚度矩阵;ρ 为密度;h 是结构厚度;$\delta(x, y)$ 为狄拉克函数。

为消除冲击载荷空间位置对响应的影响,式(3.26)两边同乘以一个满足边界条件的模态函数 $\phi(x, y)$,并分别沿 x 和 y 轴积分。通过选择 $\phi(x, y)$ 满足不同的边界条件,得到

$$f(t)\phi(x_{\text{impact}},\ y_{\text{impact}})=\int_0^X\int_0^Y\left\{\begin{aligned}&\rho h\frac{\partial^2 w}{\partial t^2}\phi\\&+\left(D_{11}\frac{\partial^2 w}{\partial x^2}+D_{12}\frac{\partial^2 w}{\partial y^2}+2D_{16}\frac{\partial^2 w}{\partial x\partial y}\right)\frac{\partial^2\phi}{\partial x^2}\\&+\left(D_{12}\frac{\partial^2 w}{\partial x^2}+D_{22}\frac{\partial^2 w}{\partial y^2}+2D_{26}\frac{\partial^2 w}{\partial x\partial y}\right)\frac{\partial^2\phi}{\partial y^2}\\&+2\left(D_{16}\frac{\partial^2 w}{\partial x^2}+D_{26}\frac{\partial^2 w}{\partial y^2}+2D_{66}\frac{\partial^2 w}{\partial x\partial y}\right)\frac{\partial^2\phi}{\partial x\partial y}\end{aligned}\right\}\mathrm{d}y\mathrm{d}x \tag{3.27}$$

其中,X、Y 为结构尺寸,如图 3.11 所示。

将横向位移 w 用 n_m 项模态函数 $\phi(x,\ y)$ 近似表示为

$$w(x,\ y,\ t)\cong\sum_{i=1}^{n_m}\bar{w}_i(t)\phi_i(x,\ y) \tag{3.28}$$

则运动方程(3.28)可改写为

$$\boldsymbol{M}\frac{\partial^2\bar{\boldsymbol{w}}}{\partial t^2}+\boldsymbol{K}\bar{\boldsymbol{w}}=\boldsymbol{F}f(t) \tag{3.29}$$

其中,$\bar{\boldsymbol{w}}$ 是广义位移向量,$\bar{\boldsymbol{w}}=[\bar{w}_1\quad\bar{w}_2\quad\cdots\quad\bar{w}_{n_m}]^{\mathrm{T}}$;$\boldsymbol{F}$、$\boldsymbol{M}$、$\boldsymbol{K}$ 分别是广义力、广义质量和广义刚度矩阵,由性质不同的如图 3.10 所示的各个等效部分分别计算后叠加而成,其中

$$F_i=\phi_i(x_{\text{impact}},\ y_{\text{impact}}) \tag{3.30}$$

$$M_{ij}=\sum_{k=1}^{n_{\text{regions}}}\rho h^k\int_{x_{1k}}^{x_{2k}}\int_{y_{1k}}^{y_{2k}}\phi_i\phi_j\mathrm{d}y\mathrm{d}x \tag{3.31}$$

$$K_{ij}=\sum_{k=1}^{n_{\text{regions}}}\int_{x_{1k}}^{x_{2k}}\int_{y_{1k}}^{y_{2k}}\left\{\begin{aligned}&D_{11}^k\frac{\partial^2\phi_i}{\partial x^2}\frac{\partial^2\phi_j}{\partial x^2}+D_{12}^k\left(\frac{\partial^2\phi_i}{\partial y^2}\frac{\partial^2\phi_j}{\partial x^2}+\frac{\partial^2\phi_i}{\partial x^2}\frac{\partial^2\phi_j}{\partial y^2}\right)\\&+D_{16}^k\left(\frac{\partial^2\phi_i}{\partial x\partial y}\frac{\partial^2\phi_j}{\partial x^2}+2\frac{\partial^2\phi_i}{\partial x^2}\frac{\partial^2\phi_j}{\partial x\partial y}\right)+D_{22}^k\frac{\partial^2\phi_i}{\partial y^2}\frac{\partial^2\phi_j}{\partial y^2}\\&D_{26}^k\left(2\frac{\partial^2\phi_i}{\partial x\partial y}\frac{\partial^2\phi_j}{\partial y^2}+2\frac{\partial^2\phi_i}{\partial y^2}\frac{\partial^2\phi_j}{\partial x\partial y}\right)+4D_{66}^k\frac{\partial^2\phi_i}{\partial x\partial y}\frac{\partial^2\phi_j}{\partial x\partial y}\end{aligned}\right\}\mathrm{d}y\mathrm{d}x \tag{3.32}$$

定义状态空间变量 $\boldsymbol{z}=[\bar{\boldsymbol{w}}\quad\dot{\bar{\boldsymbol{w}}}]^{\mathrm{T}}$,则系统的状态空间方程为

$$\dot{\boldsymbol{z}} = \boldsymbol{A}\boldsymbol{z} + \boldsymbol{B}f(t) \tag{3.33}$$

其中，$\boldsymbol{A} = \begin{bmatrix} \boldsymbol{0} & \boldsymbol{I} \\ -\boldsymbol{M}^{-1}\boldsymbol{K} & \boldsymbol{0} \end{bmatrix}$，$\boldsymbol{B} = \begin{bmatrix} \boldsymbol{0} \\ \boldsymbol{M}^{-1}\boldsymbol{F} \end{bmatrix}$。

系统状态的输出方程为

$$\boldsymbol{y} = \boldsymbol{C}\boldsymbol{z} \tag{3.34}$$

其中，$\boldsymbol{y}$ 为所需计算的结构响应量；$\boldsymbol{C}$ 为输出矩阵，与结构响应量 $\boldsymbol{y}$ 有关。

针对离散系统，取采样周期为 T_s，将系统的状态方程(3.33)和输出方程(3.34)离散化，得到离散的状态方程和输出方程分别为

$$\boldsymbol{z}(n+1) = \boldsymbol{\Omega}\boldsymbol{z}(n) + \boldsymbol{\Gamma}f(n) \tag{3.35}$$

$$\boldsymbol{y}(n) = \boldsymbol{C}\boldsymbol{z}(n) \tag{3.36}$$

其中，$\boldsymbol{\Omega} = \exp(\boldsymbol{A}T_s)$；$\boldsymbol{\Gamma} = \int_0^{T_s} \exp(\boldsymbol{A}t)\,\mathrm{d}t\boldsymbol{B}$。

3.4.3 数值仿真结果

数值仿真采用的复合材料加筋结构边长 600 mm×600 mm，三条 I 形加强筋条与结构边缘平行横贯整个结构，筋条尺寸如图 3.12 所示。加筋板各部分铺层顺序在表 3.4 中列出。层板每层厚度为 0.125 mm，不计胶层厚度，结构的各部分几何尺寸可由铺层数和每层厚度计算求得。结构采用的材料为 T300/QY8911，材料的各项性能参数在表 3.5 中列出。结构四边固支，参考坐标系原点设在结构中面左下角，如图 3.12 所示。假设在结构表面基板位置等间距布置多个传感器，用于模拟测量结构在冲击载荷作用下的横向位移响应，传感器的布置及编号也在图 3.12 上标出。

表 3.4　复合材料加筋结构各部分铺层顺序

部　位	铺层顺序
顶板	$[45/90_2/0/-45/0_3/-45/0_2/45/0]_s$
筋条	$[45/90_2/0/-45/0_3/-45/0_2/45/0]_s$
基板	$[45/90/-45_2/0/45/0/-45_2/0/45/90/45/0]_s$

表 3.5　T300/QY8911 材料性能参数

E_1/GPa	E_2/GPa	G_{12}/GPa	v_{12}	ρ/(kg/m^3)
135	8.8	4.47	0.3	1 560

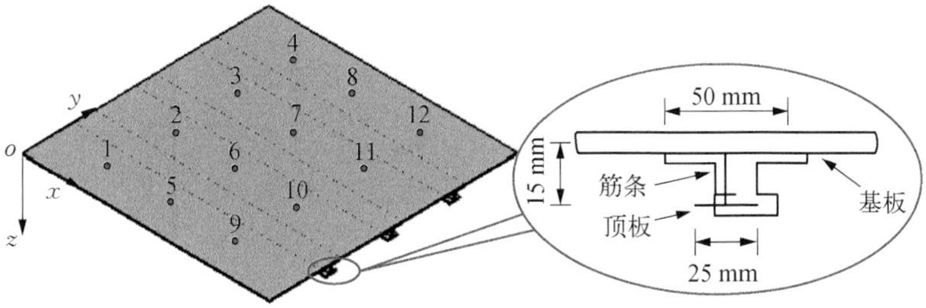

图 3.12　数值仿真采用的复合材料加筋结构

将图 3.13 所示的冲击力时间历程施加在复合材料加筋结构有限元模型上，分别作用在筋条（300 mm, 300 mm）、边缘（225 mm, 287.5 mm）和基板（225 mm, 225 mm）处，把结构在传感器处的位移响应作为测量信号。为了使仿真信号更接近实际情况，对于每一个测量信号加入噪声水平 $R=5\%$ 的白噪声，这里噪声水平定义为 $R=\sigma_i/\max|w_i|$。其中，σ_i 为白噪声的均方根值；w_i 为有限元模型计算的位移响应。

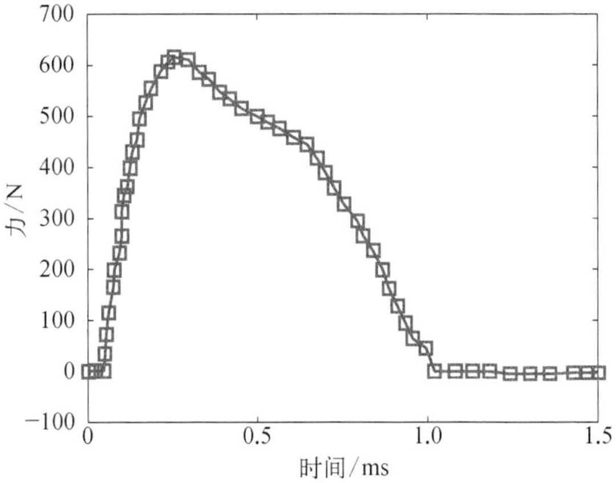

图 3.13　数值仿真采用的冲击载荷时间历程

采用与上一节类似的改进马尔可夫链蒙特卡罗方法对各参数的后验概率密度进行抽样。对于先验概率密度，假设冲击位置坐标均匀分布在[0, 600] mm 区间，冲击力最大值均匀分布在[0, 2 000] N 区间，加载与卸载阶段的正弦波频率均匀分布在[300, 1 500] Hz 区间。图 3.14 所示为当冲击载荷作用在基板处时，马尔可夫链蒙特卡罗法抽样获得的各参数样本，其中图 3.14(a) 为冲击位置坐标 (x_{impact}, y_{impact}) 的样本，图 3.14(b) 为冲击力最大值(f_{max})的样本，图 3.14(c) 为加载和卸载频率 (ω_{load}, ω_{unload}) 的样本。整个马尔可夫链包含了 4 000 个样本，其中设

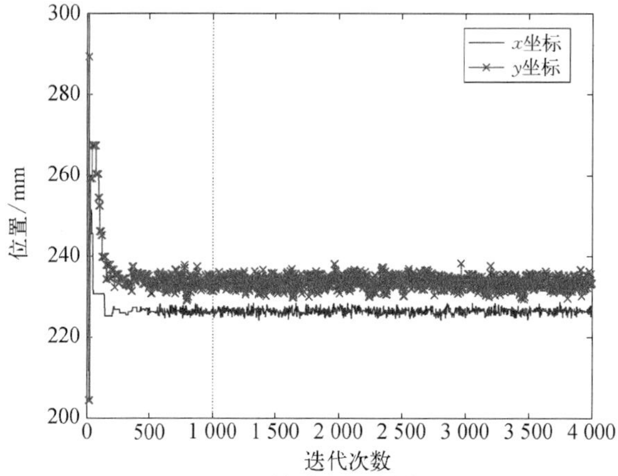

(a) 冲击位置坐标

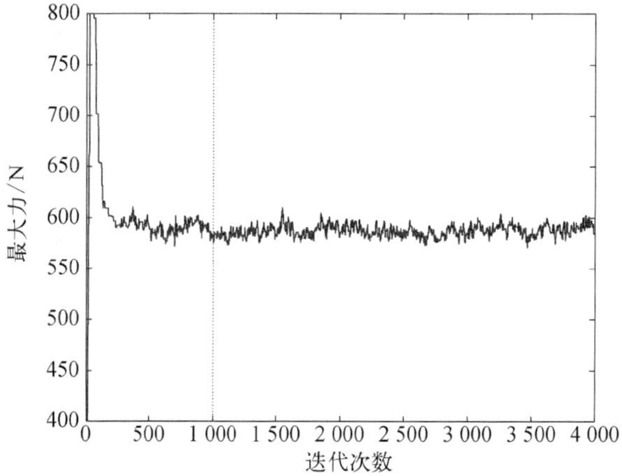

(b) 冲击力最大值

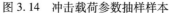

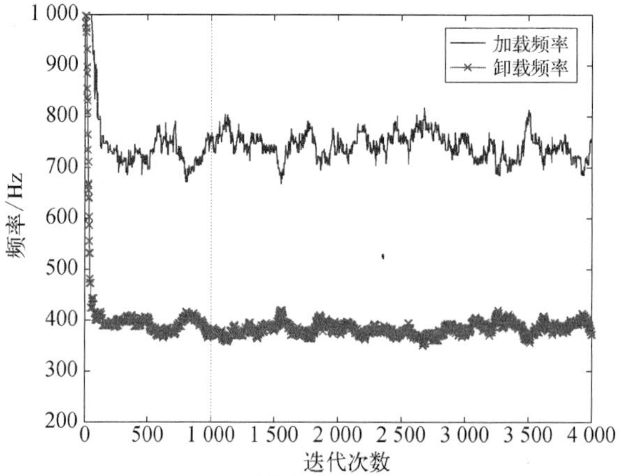

(c) 加载和卸载频率

图 3.14　冲击载荷参数抽样样本

置前 1 000 样本为“燃灭”阶段。图 3. 15 所示为采用余下 3 000 个样本统计获得的各个参数直方图。采用正态分布对这些直方图进行了拟合，各参数拟合的边缘分布也在图 3. 15 上标出。从拟合的边缘分布可以识别出各参数的期望值及变异系数，在表 3. 6 中列出。

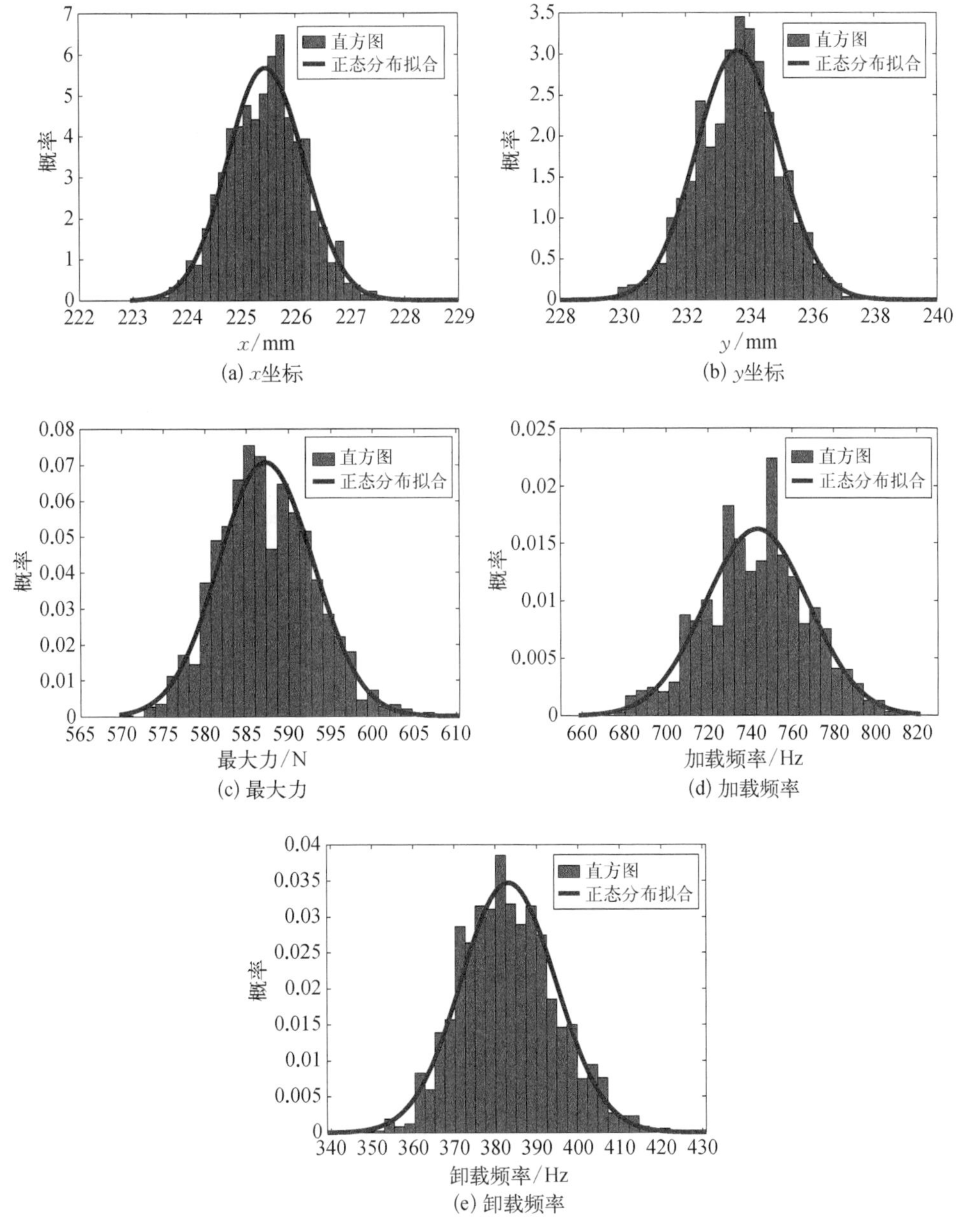

图 3. 15 冲击载荷参数样本直方图

表 3.6　冲击载荷参数识别结果

冲击部位	冲击位置			冲击力最大值			加卸载频率		
	(x_{impact}, y_{impact}) /mm	变异系数 /%	误差 /%	f_{max} /N	变异系数 /%	误差 /%	ω_{load} /Hz	ω_{unload} /Hz	变异系数 /%
基板	(226.6, 233.6)	(0.31, 0.56)	(0.71, 3.82)	587.3	0.96	-4.50	743.1	383.1	(3.31, 3.00)
边缘	(218.7, 291.3)	(0.81, 0.45)	(-2.80, 1.32)	524.7	2.61	-14.68	849.5	279.5	(5.54, 3.36)
筋条	(292.9, 303.0)	(0.97, 0.34)	(-2.37, 1.00)	531.7	2.24	-13.54	639.5	354.2	(6.31, 5.36)

对于冲击载荷作用在边缘和筋条的情况，采用马尔可夫链蒙特卡罗法也能获得类似的识别结果，各参数的期望值和变异系数也在表 3.6 中列出。从各参数的边缘分布，采用蒙特卡罗法抽取样本，可以重建出冲击力时间历程。图 3.16 至图 3.18 所

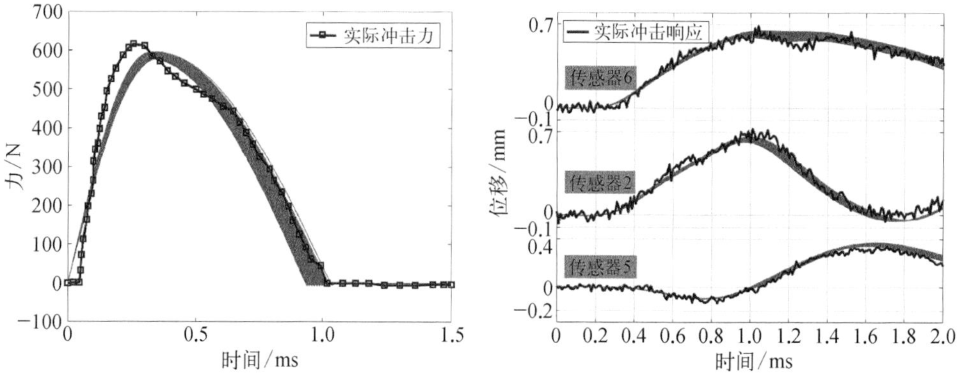

(a) 冲击载荷时间历程　　(b) 冲击响应

图 3.16　冲击载荷作用在基板时识别结果

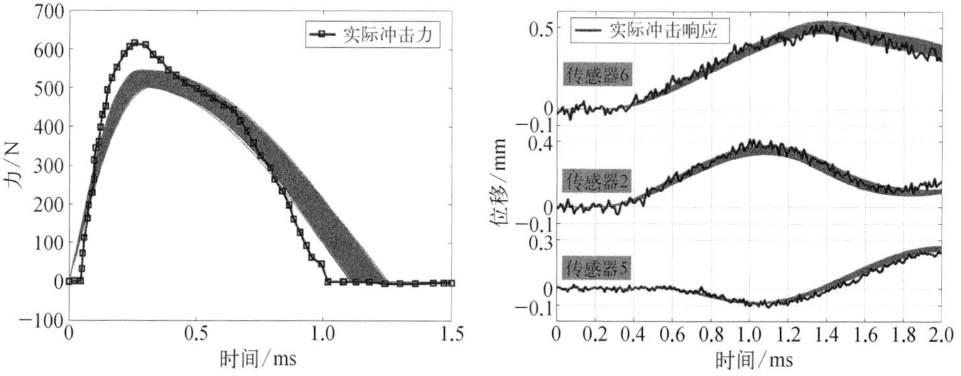

(a) 冲击载荷时间历程　　(b) 冲击响应

图 3.17　冲击载荷作用在边缘时识别结果

示为三种冲击情况下重建的冲击力时间历程与实际的冲击力时间历程的比较，以及预测的冲击响应与实际测量的冲击响应的比较。从图中可以看出，对于冲击力时间历程，虽然作了近似化处理，但重建的冲击力时间历程峰值和时间宽度与实际值吻合较好，预测的冲击响应与实际测量的冲击响应相一致。

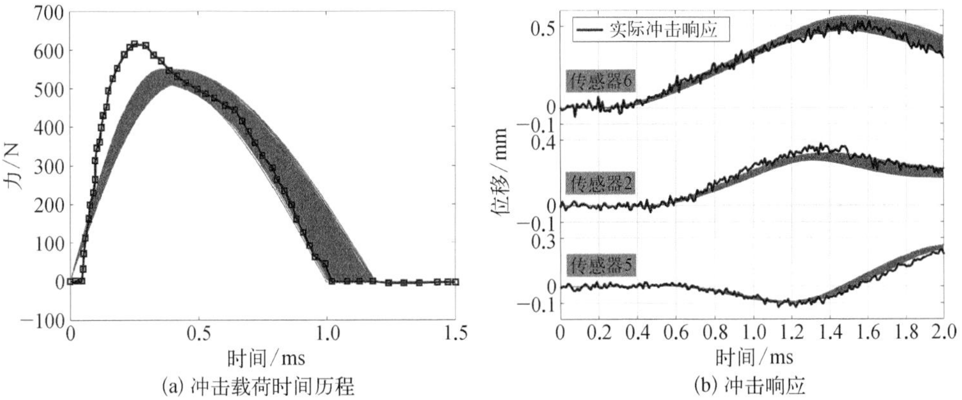

(a) 冲击载荷时间历程　(b) 冲击响应

图 3.18　冲击载荷作用在筋条时识别结果

第四章　贝叶斯模型选择及应用

在贝叶斯模型修正中，需要事先指定所求解问题的模型类以及相应的参数向量。而在结构损伤识别中，很可能由于掌握的结构信息不完整、损伤存在的复杂性和不确定性等因素，需要建立多个备选模型类，然后从测量数据出发，对这些备选模型类进行定量分析比较，从而选出最优模型类。针对这一类模型选择问题，贝叶斯统计推断理论也提供了一套解决办法，即贝叶斯模型选择。当确定最优模型类后，可以再由贝叶斯模型修正，获取最优模型类对应参数向量的概率分布。从本质上看，贝叶斯模型选择也是一类模型修正方法，通过测量数据从模型类的角度（而不仅仅是模型参数的角度）来进行修正和识别。在模型选择过程中，贝叶斯方法不仅考虑修正和识别过程中各个备选模型类的输出与测量数据的匹配程度，也将各个备选模型类的复杂程度作为一个考量因素。

在模型选择中，通常需要遵循的一条基本规律是奥卡姆剃刀定律（Ockham's Razor）：如无必要，勿增实体（It is vain to do with more what can be done with fewer）。这说明在模型选择中有这样的模型节俭原则：与测量数据匹配较好的简单模型类应该获得比与测量数据匹配更好但复杂很多的模型类更高的优先度。研究表明，相对于传统的模型选择方法，如 Akaike 信息准则（AIC）和贝叶斯信息准则（BIC），基于贝叶斯统计推断的模型选择可以自动考虑模型节俭原则而不需要额外对模型类的复杂度施加罚函数。

本章首先介绍贝叶斯模型选择的基本原理，然后介绍四种贝叶斯模型选择的计算方法用于获得各个备选模型类的边缘似然，最后分别采用基于马尔可夫链蒙特卡罗法和可逆跳跃马尔可夫链蒙特卡罗法的计算方法，通过结合扩展有限元的结构损伤识别例子，演示贝叶斯模型选择在结构健康监测中的应用。

4.1　贝叶斯模型选择基本原理

考虑有一组对应待求解问题的备选模型类 $M \equiv \{M_1, M_2, \cdots, M_{n_M}\}$，其中 n_M 为备选模型类的数量。给定测量数据 D，每个备选模型类的后验概率 $p(M_j \mid D)(j = 1, 2, \cdots, n_M)$ 为

$$p(M_j \mid D) = \frac{p(D \mid M_j)p(M_j)}{\sum_{i=1}^{n_M} p(D \mid M_i)p(M_i)} \tag{4.1}$$

其中，$p(M_j)$ 为备选模型类 M_j 的先验概率，通常可以设为 $1/n_M$（即认为在没有先验知识的前提下所有备选模型类具有相同的优先度）；概率密度 $p(D \mid M_j)$ 为测量数据 D 支持下备选模型类 M_j 的边缘似然（也称为证据）。

由全概率公式可得

$$p(D \mid M_j) = \int p(D \mid \boldsymbol{\theta}_j, M_j)p(\boldsymbol{\theta}_j \mid M_j)\mathrm{d}\boldsymbol{\theta}_j \tag{4.2}$$

其中，$\boldsymbol{\theta}_j$ 为备选模型类 M_j 对应的参数向量（对于不同的备选模型类，$\boldsymbol{\theta}_j$ 的维度以及物理意义也可能不同，这里下标 j 仅表示与备选模型类 M_j 对应，而不是指参数向量 $\boldsymbol{\theta}$ 中的第 j 个分量）。

由式(4.1)可知，每个备选模型类的后验概率主要由其边缘似然决定，而边缘似然可以分解为数据匹配因子和模型复杂度罚因子两个部分之和。数据匹配因子描述了测量数据与备选模型类输出之间的匹配程度，其值越大，说明该备选模型类对测量数据的拟合越好；而模型复杂度罚因子则对模型的复杂度进行“惩罚”，模型复杂度越高，罚因子也越小（罚因子为负值）。

随着研究的深入，Beck 和 Yuen（2004）以及 Ching 等（2005）从信息论的角度对贝叶斯模型选择进行了解释。对于备选模型类 M_j，由于参数向量 $\boldsymbol{\theta}_j$ 的后验概率密度积分为单位一，其边缘似然 $p(D \mid M_j)$ 的对数可写为

$$\ln[p(D \mid M_j)] = \ln[p(D \mid M_j)]\int p(\boldsymbol{\theta}_j \mid D, M_j)\mathrm{d}\boldsymbol{\theta}_j \tag{4.3}$$

同时，由于边缘似然 $p(D \mid M_j)$ 独立于参数向量 $\boldsymbol{\theta}_j$，式(4.3)右端的积分号可以包含整个右端项。由贝叶斯定理，式(4.3)可改写为

$$\begin{aligned}\ln[p(D \mid M_j)] &= \int \ln\left[\frac{p(D \mid \boldsymbol{\theta}_j, M_j)p(\boldsymbol{\theta}_j \mid M_j)}{p(\boldsymbol{\theta}_j \mid D, M_j)}\right]p(\boldsymbol{\theta}_j \mid D, M_j)\mathrm{d}\boldsymbol{\theta}_j \\ &= \int \ln[p(D \mid \boldsymbol{\theta}_j, M_j)]p(\boldsymbol{\theta}_j \mid D, M_j)\mathrm{d}\boldsymbol{\theta}_j \\ &\quad - \int \ln\left[\frac{p(\boldsymbol{\theta}_j \mid M_j)}{p(\boldsymbol{\theta}_j \mid D, M_j)}\right]p(\boldsymbol{\theta}_j \mid D, M_j)\mathrm{d}\boldsymbol{\theta}_j\end{aligned} \tag{4.4}$$

由式(4.4)可知，对于备选模型类 M_j 的对数边缘似然，可以看作两项之和：第一项是对数似然函数的后验期望，定量描述了测量数据 D 与备选模型类 M_j 输出之间的平均匹配程度；而第二项则是模型参数的先验分布与后验分布的相对熵，定量

描述了从测量数据 D 中获得的关于参数向量 $\boldsymbol{\theta}_j$ 的信息量。备选模型类的复杂度越高,其相对熵也越小,因此从式(4.4)可以直观看出,将贝叶斯定理应用于模型选择可以自动施加奥卡姆剃刀定律,满足模型节俭原则。

4.2 贝叶斯模型选择计算方法

4.2.1 拉普拉斯渐近解法

Beck 和 Yuen(2004)指出,对于全局可识别的情况,边缘似然可以由拉普拉斯渐近解法获得如下形式的解:

$$p(D \mid M_j) \approx p(D \mid \hat{\boldsymbol{\theta}}_j, M_j)(2\pi)^{\frac{n_j}{2}} p(\hat{\boldsymbol{\theta}}_j \mid M_j) \mid \boldsymbol{H}_j(\hat{\boldsymbol{\theta}}_j) \mid^{-\frac{1}{2}} \tag{4.5}$$

式中,$\hat{\boldsymbol{\theta}}_j$ 为模型类 M_j 对应的最优参数向量,可以由通过最大化后验概率密度 $p(\boldsymbol{\theta}_j \mid D, M_j)$ 获得;n_j 是参数向量 $\boldsymbol{\theta}_j$ 中所包含的参数个数;$\boldsymbol{H}_j(\hat{\boldsymbol{\theta}}_j)$ 是函数 $G(\boldsymbol{\theta}_j)$ 在最优参数向量 $\hat{\boldsymbol{\theta}}_j$ 处的海森矩阵。函数 $G(\boldsymbol{\theta}_j)$ 可写为

$$G(\boldsymbol{\theta}_j) \approx -\ln[p(\boldsymbol{\theta}_j \mid M_j)p(D \mid \boldsymbol{\theta}_j, M_j)] \tag{4.6}$$

式(4.5)给出的边缘似然由两部分组成:第一部分 $p(D \mid \hat{\boldsymbol{\theta}}_j, M_j)$ 是似然项,其值越大说明对应模型类的输出能更好地匹配测量数据;第二项 $(2\pi)^{\frac{n_j}{2}} p(\hat{\boldsymbol{\theta}}_j \mid M_j) \mid H_j(\hat{\boldsymbol{\theta}}_j) \mid^{-\frac{1}{2}}$ 称为奥卡姆因子,是对模型复杂度的罚函数。Beck 和 Yuen(2004)的研究结果表明,随着模型组参数的增多,奥卡姆因子会逐渐减小。

4.2.2 过渡马尔可夫链蒙特卡罗多层抽样法

Ching 和 Chen(2007)提出一种过渡马尔可夫链蒙特卡罗法(transitional Markov chain Monte Carlo)的多层抽样方法,可以用于贝叶斯模型选择计算备选模型类的边缘似然。类似的方法还有 Neal(2005,2001)提出的退火重要性抽样法(annealed importance sampling)以及联接重要性抽样法(linked importance sampling)等。

考虑一中间过渡概率密度序列 $\pi_i(\boldsymbol{\theta}_j)(i = 0, 1, \cdots, l)$,其中第一个概率密度 $\pi_0(\boldsymbol{\theta}_j)$ 和最后一个概率密度 $\pi_l(\boldsymbol{\theta}_j)$ 分别与 $\boldsymbol{\theta}_j$ 的先验概率密度 $p(\boldsymbol{\theta}_j \mid M_j)$ 和后验概率密度 $p(\boldsymbol{\theta}_j \mid D, M_j)$ 相等。由此 $\pi_i(\boldsymbol{\theta}_j)$ 可写为

$$\pi_i(\boldsymbol{\theta}_j) \propto p^{\alpha_i}(D \mid \boldsymbol{\theta}_j, M_j)p(\boldsymbol{\theta}_j \mid M_j) \tag{4.7}$$

其中,$0 = \alpha_0 < \alpha_1 < \cdots < \alpha_l = 1$。

Ching 和 Chen(2007)证明,基于以上中间过渡概率密度序列进行多层次抽样,可以获得边缘似然的无偏估计如下:

$$p(D \mid M_j) \approx \prod_{i=1}^{l} \frac{1}{n_{i-1}} \sum_{m=1}^{n_{i-1}} p^{\alpha_i - \alpha_{i-1}}(\boldsymbol{\theta}_{j(i-1)}^{(m)} \mid D, M_j) \tag{4.8}$$

其中,$\boldsymbol{\theta}_{j(i-1)}^{(m)}(m = 1, 2, \cdots, n_{i-1})$ 是根据概率密度 $\pi_{i-1}(\boldsymbol{\theta}_j)$ 抽取的样本,n_{i-1} 是样本数。

4.2.3　马尔可夫链蒙特卡罗后验概率抽样法

一种直接计算备选模型类边缘似然 $p(D \mid M_j)$ 的方法是基于蒙特卡罗法从参数向量 $\boldsymbol{\theta}_j$ 的先验概率密度 $p(\boldsymbol{\theta}_j \mid M_j)$ 中抽取样本 $\boldsymbol{\theta}_j^{(k)}(k = 1, 2, \cdots, n)$,然后由下式估算:

$$p(D \mid M_j) \approx \frac{1}{n} \sum_{k=1}^{n} p(D \mid \boldsymbol{\theta}_j^{(k)}, M_j) \tag{4.9}$$

但由于似然函数 $p(D \mid \boldsymbol{\theta}_j, M_j)$ 的高概率分布区域与先验概率密度 $p(\boldsymbol{\theta}_j \mid M_j)$ 通常是不同的,因此从先验概率密度中抽取样本估算边缘似然是不准确的,并且效率非常低,尤其是对于高维分布,很可能因为计算量太大而不可行。

Cheung 和 Beck(2010)由此提出一种使用马尔可夫链蒙特卡罗法从参数向量 $\boldsymbol{\theta}_j$ 的后验概率密度 $p(\boldsymbol{\theta}_j \mid D, M_j)$ 中抽取样本来近似边缘似然的稳定计算方法。假设 $K(\boldsymbol{\theta}_j \mid \boldsymbol{\theta}_j^*)$ 是马尔可夫链蒙特卡罗算法中获取稳态概率密度 $\pi(\boldsymbol{\theta}_j) = p(\boldsymbol{\theta}_j \mid D, M_j)$ 使用的转移概率密度。马尔可夫链蒙特卡罗法的稳态条件满足以下关系:

$$\pi(\boldsymbol{\theta}_j) = \int K(\boldsymbol{\theta}_j \mid \boldsymbol{\theta}_j^*) \pi(\boldsymbol{\theta}_j^*) \mathrm{d}\boldsymbol{\theta}_j^* \tag{4.10}$$

对于一般情况下 $K(\boldsymbol{\theta}_j \mid \boldsymbol{\theta}_j^*)$ 的形式可以写为

$$K(\boldsymbol{\theta}_j \mid \boldsymbol{\theta}_j^*) = T(\boldsymbol{\theta}_j \mid \boldsymbol{\theta}_j^*) + [1 - a(\boldsymbol{\theta}_j^*)] \delta(\boldsymbol{\theta}_j - \boldsymbol{\theta}_j^*) \tag{4.11}$$

其中,$T(\boldsymbol{\theta}_j \mid \boldsymbol{\theta}_j^*)$ 是一不包含 δ 函数的光滑函数,$a(\boldsymbol{\theta}_j^*)$ 是满足 $a(\boldsymbol{\theta}_j^*) = \int T(\boldsymbol{\theta}_j \mid \boldsymbol{\theta}_j^*) \mathrm{d}\boldsymbol{\theta}_j \leqslant 1$ 的接受概率。将式(4.11)代入式(4.10),可以得到后验概率密度的解析表达式:

$$p(\boldsymbol{\theta}_j \mid D, M_j) = \pi(\boldsymbol{\theta}_j) = \frac{\int T(\boldsymbol{\theta}_j \mid \boldsymbol{\theta}_j^*) \pi(\boldsymbol{\theta}_j^*) \mathrm{d}\boldsymbol{\theta}_j^*}{a(\boldsymbol{\theta}_j)} \approx \frac{1}{a(\boldsymbol{\theta}_j) n_1} \sum_{k=1}^{n_1} T(\boldsymbol{\theta}_j \mid \boldsymbol{\theta}_j^{(k)}) \tag{4.12}$$

其中，$\boldsymbol{\theta}_j^{(k)}$ 是从后验概率密度抽取的 n_1 个样本。式(4.12)对任意的马尔可夫链蒙特卡罗算法都成立。

对于马尔可夫链蒙特卡罗法常用的梅特罗波利斯-黑斯廷斯算法，$T(\boldsymbol{\theta}_j \mid \boldsymbol{\theta}_j^*) = \alpha(\boldsymbol{\theta}_j \mid \boldsymbol{\theta}_j^*)q(\boldsymbol{\theta}_j \mid \boldsymbol{\theta}_j^*)$，其中 $q(\boldsymbol{\theta}_j \mid \boldsymbol{\theta}_j^*)$ 是算法中采用的建议分布，$\alpha(\boldsymbol{\theta}_j \mid \boldsymbol{\theta}_j^*)$ 为

$$\alpha(\boldsymbol{\theta}_j \mid \boldsymbol{\theta}_j^*) = \min\left\{1,\ \frac{p(D \mid \boldsymbol{\theta}_j,\ M_j)p(\boldsymbol{\theta}_j \mid M_j)q(\boldsymbol{\theta}_j^* \mid \boldsymbol{\theta}_j)}{p(D \mid \boldsymbol{\theta}_j^*,\ M_j)p(\boldsymbol{\theta}_j^* \mid M_j)q(\boldsymbol{\theta}_j \mid \boldsymbol{\theta}_j^*)}\right\} \tag{4.13}$$

式(4.12)分母中的 $a(\boldsymbol{\theta}_j)$ 可以用建议分布的样本来估计：

$$a(\boldsymbol{\theta}_j) = \int \alpha(\boldsymbol{\theta}_j^* \mid \boldsymbol{\theta}_j)q(\boldsymbol{\theta}_j^* \mid \boldsymbol{\theta}_j)\mathrm{d}\boldsymbol{\theta}_j \approx \frac{1}{n_2}\sum_{k=1}^{n_2}\alpha(\boldsymbol{\theta}_j^{*(k)} \mid \boldsymbol{\theta}_j) \tag{4.14}$$

其中，$\boldsymbol{\theta}_j^{*(k)}$ 是当 $\boldsymbol{\theta}_j$ 固定时从建议分布抽取的 n_2 个样本。

对贝叶斯公式两端取对数有

$$\ln[p(D \mid M_j)] = \ln[p(D \mid \boldsymbol{\theta}_j,\ M_j)] + \ln[p(\boldsymbol{\theta}_j \mid M_j)] - \ln[p(\boldsymbol{\theta}_j \mid D,\ M_j)] \tag{4.15}$$

式中右端第一项和第二项可以由给定的似然函数和先验概率获得，第三项可由式(4.12)获得，由此可以获得边缘似然的对数，而对应备选模型类的信息熵也可由式(4.4)计算得到。

4.2.4 可逆跳跃马尔可夫链蒙特卡罗抽样法

在第二章中介绍的几种马尔可夫链蒙特卡罗算法针对的都是确定维数的参数向量，只能在固定维度的参数空间进行操作，而不能用于参数空间维度可变的问题。对于模型选择中涉及的多个备选模型类，其对应的参数向量的维度可能是不一样的，因此可以归为可变维度的参数向量识别问题。为了解决这个问题，Green (1995)提出一种跨维度可逆跳跃马尔可夫链蒙特卡罗方法(reversible jump Markov chain Monte Carlo)，将梅特罗波利斯-黑斯廷斯算法扩展到一般的可变维度空间。可逆跳跃马尔可夫链蒙特卡罗方法构造的是一条能在具有不同维度参数空间的备选模型类之间进行跳跃的马尔可夫链，该链是不可约和非周期性的，保留了平稳性条件，其样本的分布可以同时近似备选模型类的后验概率以及相对应的参数向量的后验概率密度。

在可逆跳跃马尔可夫链蒙特卡罗方法的实施过程中，假设当前样本的序号是 $i-1$，选择的备选模型类记为 $M_j^{(i-1)}$，对应的参数向量记为 $\boldsymbol{\theta}_j^{i-1}$，根据转移概率

$q_m(\boldsymbol{\theta}_{j'}^* \mid \boldsymbol{\theta}_j^{i-1}) r_m(\boldsymbol{\theta}_j^{i-1})$ 提出一种新的变动 m 向备选模型类 $M_{j'}$ 跳跃并产生一个新的候选参数向量 $\boldsymbol{\theta}_{j'}^*$，其中 $r_m(\boldsymbol{\theta}_j^{i-1})$ 是在参数向量状态 $\boldsymbol{\theta}_j^{i-1}$ 处选择新变动 m 的概率，$q_m(\boldsymbol{\theta}_{j'}^* \mid \boldsymbol{\theta}_j^{i-1})$ 是变动 m 采用的产生新参数变量的建议分布。与传统梅特罗波利斯-黑斯廷斯算法类似，新变动以及新参数向量状态的接受概率为

$$\alpha = \min\left\{1,\ \frac{p(\boldsymbol{\theta}_j^*) q_{m'}(\boldsymbol{\theta}_j^{i-1} \mid \boldsymbol{\theta}_j^*) r_{m'}(\boldsymbol{\theta}_{j'}^*)}{p(\boldsymbol{\theta}_j^{i-1}) q_m(\boldsymbol{\theta}_j^* \mid \boldsymbol{\theta}_j^{i-1}) r_m(\boldsymbol{\theta}_j^{i-1})}\right\} \tag{4.16}$$

式中，新变动 m' 为变动 m 的逆变动；$r_{m'}(\boldsymbol{\theta}_{j'}^*)$ 为在状态 $\boldsymbol{\theta}_{j'}^*$ 处选择新变动 m' 的概率；$q_{m'}(\boldsymbol{\theta}_j^{i-1} \mid \boldsymbol{\theta}_j^*)$ 为新变动 m' 采用的产生新状态变量的建议分布。

在有的应用中，候选的参数向量 $\boldsymbol{\theta}_{j'}^*$ 通过某个可逆的确定性函数 $f(\boldsymbol{\theta}_j, \boldsymbol{u})$ 生成，其中 $\boldsymbol{u}$ 是一个连续的随机变量向量，其维度为备选模型类 $M_{j'}$ 所属参数向量 $\boldsymbol{\theta}_{j'}$ 的维度与备选模型类 M_j 参数向量 $\boldsymbol{\theta}_j$ 的维度之差。其逆操作可以通过反函数映射实现。因此，式(4.16)表示的接受概率可以改写为

$$\alpha = \min\left\{1,\ \frac{p(\boldsymbol{\theta}_j^*) r_{m'}(\boldsymbol{\theta}_{j'}^*)}{p(\boldsymbol{\theta}_j^{i-1}) r_m(\boldsymbol{\theta}_j^{i-1})} \frac{1}{q(\boldsymbol{u})} \left| \frac{\partial f(\boldsymbol{\theta}_j, \boldsymbol{u})}{\partial(\boldsymbol{\theta}_j, \boldsymbol{u})} \right| \right\} \tag{4.17}$$

式中，$q(\boldsymbol{u})$ 是抽样获取随机变量向量 $\boldsymbol{u}$ 的概率；$\left| \frac{\partial f(\boldsymbol{\theta}_j, \boldsymbol{u})}{\partial(\boldsymbol{\theta}_j, \boldsymbol{u})} \right|$ 是与建议分布映射相关的雅可比行列式。采用伯努利试验来确定是否接受新的备选模型类以及相应的参数向量：如果伯努利试验为真，那么模型指标 j 变为 j'，相应的参数向量样本 $\boldsymbol{\theta}_{j'}^i$ 设为 $\boldsymbol{\theta}_{j'}^*$；反之，模型指标 j 不变，参数向量样本 $\boldsymbol{\theta}_j^i$ 保持为 $\boldsymbol{\theta}_j^{i-1}$。

当可逆跳跃马尔可夫链蒙特卡罗法生成一条稳态的马尔可夫链后，备选模型类 M_j 对应的后验概率可用样本近似为

$$p(M_j \mid D) \approx \frac{n_j}{n_r} \tag{4.18}$$

式中，n_r 为去除"燃灭"阶段后马尔可夫链中含有的样本总数，n_j 为模型指标为 j 的样本数，对应参数向量 $\boldsymbol{\theta}_j$ 的后验概率密度可由模型指标为 j 的样本估计获得。

4.3　基于扩展有限元和贝叶斯模型选择的结构多部位损伤识别

4.3.1　结构多部位损伤识别问题

从数学上讲，根据传感器的信号来确定结构的物理状态属于复杂的非线性反

问题。通常结构损伤识别需要涉及两方面的内容：含损伤结构的建模和反问题的优化求解。在含损伤结构的建模方面，有限元方法以其所具有的对各种形式结构及损伤的广泛适应能力，而在结构损伤识别中成为最常用的一种方法。但有限元方法比较适合于桁架等离散结构，在用于连续体结构损伤识别时需要在损伤参数更新的过程中重新划分网格，以适应损伤边界的变化，大大影响了计算效率。另一种在结构损伤识别中常用的建模方法是边界元方法，将弹性控制方程转换为边界积分方程，并采用格林函数进行求解。边界元的缺点是对于非均质材料和任意形状的损伤难以获得格林函数，从而限制了它的应用。其他的数值建模方法，如谱有限元、有限条法等，也曾被应用于损伤识别中，但都仅限于简单构型的损伤识别。扩展有限元是近年来在计算力学领域快速发展起来的一种数值方法，其最主要的特点是，所使用的网格与结构内部的几何或物理界面无关，克服了在诸如裂纹尖端等高应力和变形集中区进行高密度网格剖分的困难。正是这种优点使得扩展有限元在应用于损伤识别等逆问题时也具有很大优势，如 Rabinovich 等(2009)采用时间简谐响应和扩展有限元对薄膜中的裂纹进行识别，Waisman 等(2010)、Chatzi 等(2011)和 Sun 等(2013)进一步发展了基于扩展有限元的损伤识别方法，采用静态响应对平面问题的多个损伤进行识别。

在对结构中的多个部位的损伤进行识别时，大多数已有的研究认为损伤的数量是已知的，然后采用模型修正的方法，对已知数量损伤的参数进行更新和识别。仅有少量的研究在对多部位损伤进行识别时，不预设损伤数量，而将损伤数量作为未知量进行同时识别。如 Sun 等(2013)提出在人工蜂群算法中加入拓扑变量，在对损伤参数进行优化识别的过程中，通过拓扑变量来控制损伤的“开关”(即改变损伤的数量)，实现对损伤数量的识别。本节将介绍基于贝叶斯统计推断的方法，结合扩展有限元模型，将结构多部位损伤问题归结为贝叶斯模型选择问题，利用之前介绍的马尔可夫链蒙特卡罗后验概率抽样法和可逆跳跃马尔可夫链蒙特卡罗抽样法，识别获得结构中存在多个损伤的概率以及各个损伤参数的后验概率密度，实现在不确定性情况下对多部位损伤的估计和识别。

采用数值仿真数据来演示和说明应用贝叶斯模型选择对结构中未知数量的多个损伤进行识别的过程，以及其有效性。数值研究对象为一各向同性平面结构，其材料性质为：弹性模量 $E=2\times10^{11}$ Pa，泊松比 $v=0.3$，结构长×宽为 1 m× 1 m，厚度为 0.005 m。采用有限元方法来获得结构在外载荷作用下的响应，其中结构底边固支，顶边受均匀分布拉力，大小为 2×10^{8} Pa。结构中损伤的形式为圆孔，分别考虑两个圆孔和三个圆孔两种损伤情况，如图 4.1 所示。两种损伤情况下各个损伤的中心坐标位置和半径在表 4.1 中给出。假设在结构表面均匀布置 20 个传感器，传感器的位置如图 4.1 所示，采用结构的位移响应来对损伤参数进行识别。为考虑测量噪声的影响，在有限元计算数据的基础上按下式加入噪声作为测量响应：

$$\tilde{d}_{\beta}^{m} = d_{\beta}^{\text{FEM}} + \omega \times \text{RMS}_{d} \times \eta \tag{4.19}$$

其中，$\tilde{d}_{\beta}^{m}$ 是测量响应；d_{β}^{FEM} 是有限元计算响应；ω 是高斯白噪声变量；RMS_{d} 是有限元计算响应的均方根；η 用于表示噪声水平。在以下计算中，选用的测量响应的噪声水平都为 $\eta = 5\%$。

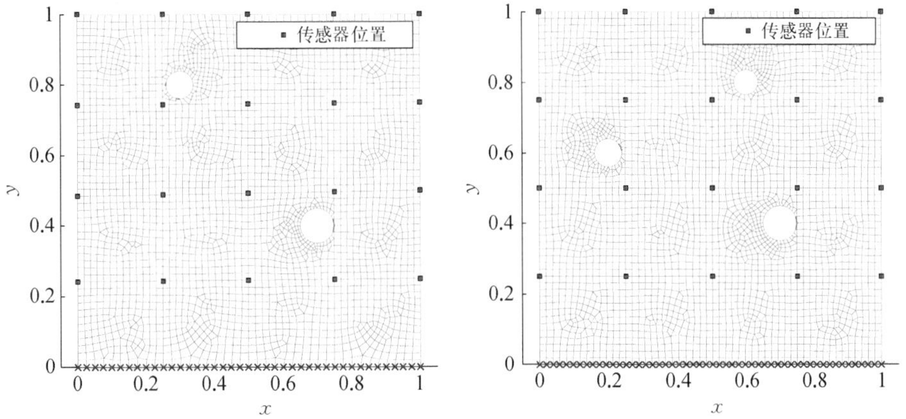

(a) 损伤情况 Ⅰ　　(b) 损伤情况 Ⅱ

图 4.1　数值仿真模型

表 4.1　损伤参数实际值

	损伤 1			损伤 2			损伤 3		
	x_1	y_1	r_1	x_2	y_2	r_2	x_3	y_3	r_3
损伤情况 Ⅰ	0.3	0.8	0.04	0.7	0.4	0.05	—	—	—
损伤情况 Ⅱ	0.2	0.6	0.04	0.6	0.8	0.04	0.7	0.4	0.05

4.3.2　扩展有限元基础

扩展有限元最初是由 Belytschko 等(Moes, et al.,1999)为了解决裂纹扩展问题而提出的一种数值计算方法，是近年来发展起来的、在常规有限元框架内求解不连续问题的最有效方法。扩展有限元是基于单位分解思想，在常规有限元模式中加入能够反映裂纹等不连续特性的增强函数。与常规有限元不同，扩展有限元允许裂纹任意穿越单元，由此在裂纹扩展过程中，单元网格可以保持固定。这种网格与物理特性相互独立的优点使扩展有限元得到了极大的关注。随后扩展有限元也被用于二维和三维的孔洞和夹杂等强或弱不连续损伤问题的建模。

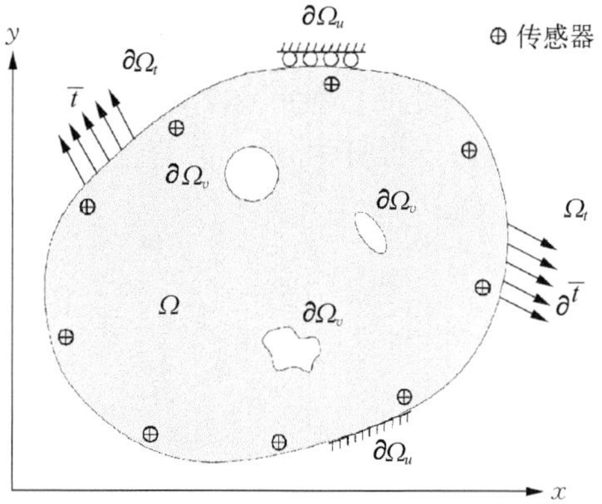

图 4.2　含不连续性的弹性固体示意图

如图 4.2 所示有一弹性固体区域 Ω，其边界为 $\partial\Omega$，可以用如下基本方程：

$$\nabla\cdot\boldsymbol{\sigma}+\boldsymbol{b}=0 \tag{4.20}$$

$$\boldsymbol{\sigma}=\boldsymbol{C}:\boldsymbol{\varepsilon} \tag{4.21}$$

$$\boldsymbol{\varepsilon}=\nabla^s\boldsymbol{u} \tag{4.22}$$

和边界条件：

$$\boldsymbol{\sigma}\cdot\boldsymbol{n}=\bar{\boldsymbol{t}} \tag{4.23}$$

$$\boldsymbol{\sigma}\cdot\boldsymbol{n}=0 \tag{4.24}$$

$$\boldsymbol{u}=\bar{\boldsymbol{u}} \tag{4.25}$$

来描述。其中，$\boldsymbol{\sigma}$ 为柯西应力张量；$\boldsymbol{b}$ 为单位体积体力向量；$\boldsymbol{C}$ 是弹性本构张量；$\boldsymbol{\varepsilon}$ 是应变张量；$\boldsymbol{u}$ 是位移向量；$\boldsymbol{n}$ 是单位法线向量；$\bar{\boldsymbol{t}}$ 和 $\bar{\boldsymbol{u}}$ 分别代表边界 $\partial\Omega_t$ 和 $\partial\Omega_u$ 上给定的面力和位移；∇ 为哈密尔顿算子；$\nabla\cdot$ 是散度算子，∇^s 是哈密尔顿算子的对称部分。

可以将式(4.20)~(4.25)描述的问题转换为如下的弱形式：在域 Ω 中寻找 $\boldsymbol{u}\in u$ 使得

$$\int_{\Omega}\nabla^s\boldsymbol{w}:\boldsymbol{C}:\nabla^s\boldsymbol{u}\mathrm{d}\Omega=\int_{\Omega}\boldsymbol{w}\cdot\boldsymbol{b}\mathrm{d}\Omega+\int_{\partial\Omega_t}\boldsymbol{w}\cdot\bar{\boldsymbol{t}}\mathrm{d}(\partial\Omega_t)\qquad\forall\boldsymbol{w}\in w \tag{4.26}$$

其中，

$$u=\{\boldsymbol{u}\mid\boldsymbol{u}\in H^1,\quad\boldsymbol{u}=\bar{\boldsymbol{u}}\quad\text{on}\quad\partial\Omega_u\} \tag{4.27}$$

$$w=\{\boldsymbol{w}\mid\boldsymbol{w}\in H^1,\quad\boldsymbol{w}=0\quad\text{on}\quad\partial\Omega_u\} \tag{4.28}$$

式中，$\boldsymbol{u}$ 是试函数；$\boldsymbol{w}$ 是权函数；H^1 是索布列夫连续可积函数空间。

通过有限元获得离散的位移试函数 $\boldsymbol{u}^h$ 和权函数 $\boldsymbol{w}^h$ 以及它们对应的空间 u^h 和 w^h，可以得到离散的弱形式：

$$\int_{\Omega^h}\nabla^s\boldsymbol{w}^h:\boldsymbol{C}:\nabla^s\boldsymbol{u}^h\mathrm{d}\Omega^h=\int_{\Omega^h}\boldsymbol{w}^h\cdot\boldsymbol{b}\mathrm{d}\Omega^h+\int_{\partial\Omega_t^h}\boldsymbol{w}^h\cdot\bar{\boldsymbol{t}}\mathrm{d}(\partial\Omega_t^h)\qquad\forall\boldsymbol{w}^h\in w^h \tag{4.29}$$

其中，Ω^h 和 $\partial\Omega_t^h$ 分别是离散的域以及面力边界。

扩展有限元对域内离散的位移函数 $\boldsymbol{u}^h$ 进行如下形式的插值：

$$\boldsymbol{u}^h(\boldsymbol{x})=\sum_{I\in\mathbb{N}}N_I(\boldsymbol{x})\boldsymbol{u}_I+\sum_{J\in\mathbb{N}^{en}}N_J(\boldsymbol{x})\psi(\boldsymbol{x})\boldsymbol{a}_J \tag{4.30}$$

其中，N 为形函数；$\mathbb{N}$ 与传统有限元网格节点集合；$\mathbb{N}^{en}$ 是增强节点集合；ψ 是反映不连续特性的增强函数；$\boldsymbol{u}_I$ 和 $\boldsymbol{a}_J$ 是单元节点上的位移自由度和增强自由度。

为了在扩展有限元中描述孔洞等弱不连续性损伤，常常需要用到水平集函数。通常采用如下形式的增强函数来定义孔洞：

$$\psi(\boldsymbol{x}) = \begin{cases} 1 & \phi(\boldsymbol{x}) > 0 \\ 0 & \phi(\boldsymbol{x}) \leqslant 0 \end{cases} \tag{4.31}$$

式中，$\phi(\boldsymbol{x})$ 是水平集函数。计算时，在孔洞内部的节点以及支撑集不与孔洞边界相交的节点的自由度将被从有限元方程中剔除。对于圆形孔洞，采用最小符号距离函数来作为水平集函数：

$$\phi(\boldsymbol{x}) = \| \boldsymbol{x} - \boldsymbol{x}_c \|_2 - R_c \tag{4.32}$$

其中，$\boldsymbol{x}$ 是域中的任意点；$\boldsymbol{x}_c$ 是圆形孔洞的中心；R_c 是圆形孔洞的半径。如果域中存在多个圆形孔洞，那么其水平集函数可以定义为

$$\phi(\boldsymbol{x}) = \min\{ \| \boldsymbol{x} - \boldsymbol{x}_c^i \|_2 - R_c^i \}_{i=1,2,\cdots,n_c} \tag{4.33}$$

其中，n_c 是圆形孔洞的个数；$\boldsymbol{x}_c^i$ 和 R_c^i 分别为第 i 个圆形孔洞的中心和半径。图 4.3 所示为在扩展有限元中对孔洞进行描述所使用的增强节点以及水平集函数的示意图。

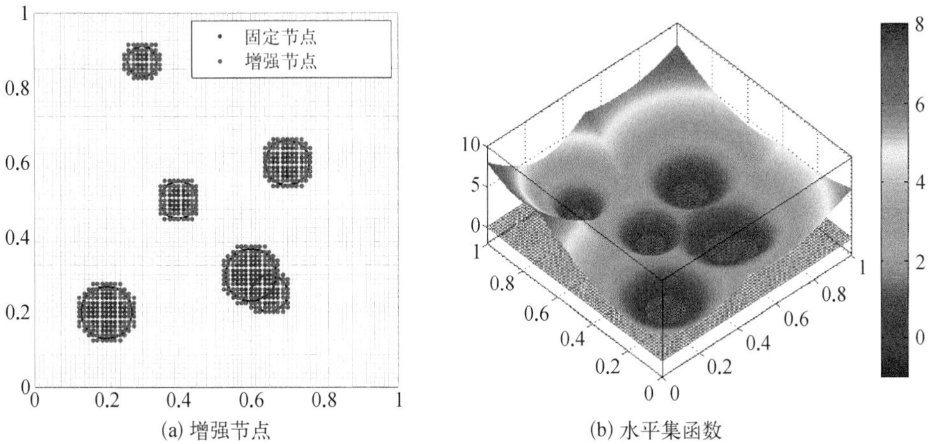

(a) 增强节点　(b) 水平集函数

图 4.3　孔洞损伤的描述

4.3.3　马尔可夫链蒙特卡罗法识别结果

为了采用马尔可夫链蒙特卡罗法对结构中的损伤数量以及对应的损伤参数进行识别，首先需要建立一系列的备选模型类。在这里建立如表 4.2 所示的多个备选模型类，每个备选模型类包含了相应数量的损伤。每个损伤由三个参数表示，即

损伤的中心横、纵坐标 x 和 y，以及损伤半径 r。由此每个备选模型类对应的参数向量 $\boldsymbol{\theta}$ 都为确定维度的向量(如表 4.2 所示)，可以由上一章介绍的贝叶斯模型修正结合马尔可夫链蒙特卡罗法获得其后验概率密度样本。

表 4.2　损伤备选模型类概述

模型类	损伤数量	参数维度	参数向量
M_1	1	3	$\boldsymbol{\theta}=[x_1\quad y_1\quad r_1]^{\mathrm{T}}$
M_2	2	6	$\boldsymbol{\theta}=[x_1\quad y_1\quad r_1\quad x_2\quad y_2\quad r_2]^{\mathrm{T}}$
M_3	3	9	$\boldsymbol{\theta}=[x_1\quad y_1\quad r_1\quad x_2\quad y_2\quad r_2\quad x_3\quad y_3\quad r_3]^{\mathrm{T}}$
M_4	4	12	$\boldsymbol{\theta}=[x_1\quad y_1\quad r_1\quad x_2\quad y_2\quad r_2\quad \cdots\quad x_4\quad y_4\quad r_4]^{\mathrm{T}}$
M_5	5	15	$\boldsymbol{\theta}=[x_1\quad y_1\quad r_1\quad x_2\quad y_2\quad r_2\quad \cdots\quad x_5\quad y_5\quad r_5]^{\mathrm{T}}$

由贝叶斯定理，在测量数据 $D=\{d_\beta^m(s_i),\ i=1,\ 2,\ \cdots,\ n_o,\ \beta=1,\ 2,\ \cdots,\ n_d\}$ 支撑下，对于每个备选模型类，其参数向量的后验概率密度为可以由式(3.1)给出。参数向量的先验概率密度可以写为

$$p(\boldsymbol{\theta})=\prod_{i=1}^{k}p(x_i)\prod_{i=1}^{k}p(y_i)\prod_{i=1}^{k}p(r_i)\tag{4.34}$$

其中，k 为对应备选模型类的损伤数量。式(4.34)中各个参数的先验概率密度可以选为如下的均匀分布：

$$p(x_i)=\frac{1}{x_{\max}-x_{\min}},\ p(y_i)=\frac{1}{y_{\max}-y_{\min}},\ p(r_i)=\frac{1}{r_{\max}-r_{\min}}\tag{4.35}$$

式中，$[x_{\min},\ x_{\max}]$、$[y_{\min},\ y_{\max}]$ 和 $[r_{\min},\ r_{\max}]$ 为预先确定的各个损伤参数的可能分布范围。

假设模型误差和测量噪声带来的不确定性都可以用高斯型随机变量描述，那么在某一传感点获得的位移可以写为

$$d_\beta^m(s_i)=d_\beta^c(s_i,\ \boldsymbol{\theta})+\varepsilon_1+\varepsilon_2\tag{4.36}$$

其中，$d_\beta^c(s_i,\ \boldsymbol{\theta})$ 为模型计算的在第 s_i 传感器处的位移，ε_1 和 ε_2 是分别描述模型误差和测量噪声的高斯型随机变量，其均值为零，方差分别为 σ_1 和 σ_2。因此，当每个传感器位置获得的测量量各自独立互不相关时，似然函数可以写为

$$p(D\mid\boldsymbol{\theta})=\frac{1}{(2\pi\sigma^2)^{n_dn_o/2}}\exp\left[-\frac{1}{2\sigma^2}\sum_{i=1}^{n_o}\sum_{\beta=1}^{n_d}\|d_\beta^m(s_i)-d_\beta^c(s_i,\ \boldsymbol{\theta})\|_2^2\right]\tag{4.37}$$

其中，n_o 为传感点的数量；n_d 为每个传感点的测量方向数；方差 $\sigma^2=\sigma_1^2+\sigma_2^2$。为方便起见，似然函数右端指数函数中的平方和可记为

$$Q(D, \boldsymbol{\theta}) = \sum_{i=1}^{n_o}\sum_{\beta=1}^{n_d} \| d_\beta^m(s_i) - d_\beta^c(s_i, \boldsymbol{\theta}) \|_2^2 \tag{4.38}$$

通常,方差 σ^2 是未知的,因此采用参数为 a 和 b 的共轭伽马分布来对其倒数 $\tau = 1/\sigma^2$ 进行描述,由此似然函数可以进一步改写为

$$p(D \mid \boldsymbol{\theta}) = \frac{\Gamma(a + n_d n_o/2) b^a}{\Gamma(a)(2\pi)^{n_d n_o/2}}\left[b + \frac{1}{2}Q(D, \boldsymbol{\theta})\right]^{-(a+n_d n_o/2)} \tag{4.39}$$

其中,$\Gamma(\cdot)$ 为伽马函数。

由式(4.39)和式(4.34),根据贝叶斯定理,可获得每个模型类参数向量的后验概率密度一般表达式。同上一章中的应用例子类似,对于每个模型类采用马尔可夫链蒙特卡罗方法进行抽样,可以近似获得对应参数向量的后验概率密度。然后可以采用4.3.3节中介绍的方法,获得每个模型类的平均数据匹配度、信息熵和对数边缘似然等信息。由奥卡姆剃刀定律,在平均数据匹配度类似的情况下,将优先选择模型复杂度低(即信息熵小)的模型类。因此在实际算法实施过程中,可以先从最简单的备选模型类(参数向量维度最小)开始,运行马尔可夫链蒙特卡罗算法,然后按备选模型类参数向量维度增加方向依次对下一个模型类进行计算;当下一个模型类的对数边缘似然小于上一个模型类的对数边缘似然时,可以停止计算(根据模型节俭原则,不必对模型复杂度更大的模型进行计算),上一个备选模型类即为贝叶斯统计推断准则下的最优模型类。

表4.3所示为损伤情况Ⅰ(两个损伤)时对各备选模型类进行马尔可夫链蒙特卡罗抽样后,对相关信息进行计算的结果。从表中可以看出,从备选模型类 M_1 到 M_3 的计算结果已经可以比较得出,备选模型类 M_2 具有最大的对数边缘似然,其输出响应与测量响应的平均数据匹配度最高,而模型复杂度(即信息熵)介于备选模型类 M_1 和 M_3 之间,没有必要对更复杂的备选模型类(即损伤数目更多)进行计算分析。将这三个备选模型类的对数边缘似然转换为后验概率,可看出备选模型类 M_2 具有95.3%的概率,显著高于其他两个备选模型类,因此可以从测量响应中推断出结构中损伤的数目为2,与实际损伤数目一致。图4.4给出了由马尔可夫链蒙特卡罗法抽样获得的两个损伤的各个参数的样本直方图,由此可估计出损伤参数的中位值以及90%置信区间,其结果在表4.4中给出。

表4.3　损伤情况Ⅰ模型选择结果

模型类	平均数据匹配度	信息熵	对数边缘似然	后验概率
M_1	−18 993	−10	−19 003	0
M_2	−18 933	−20	−18 953	95.3%
M_3	−18 934	−22	−18 956	4.7%

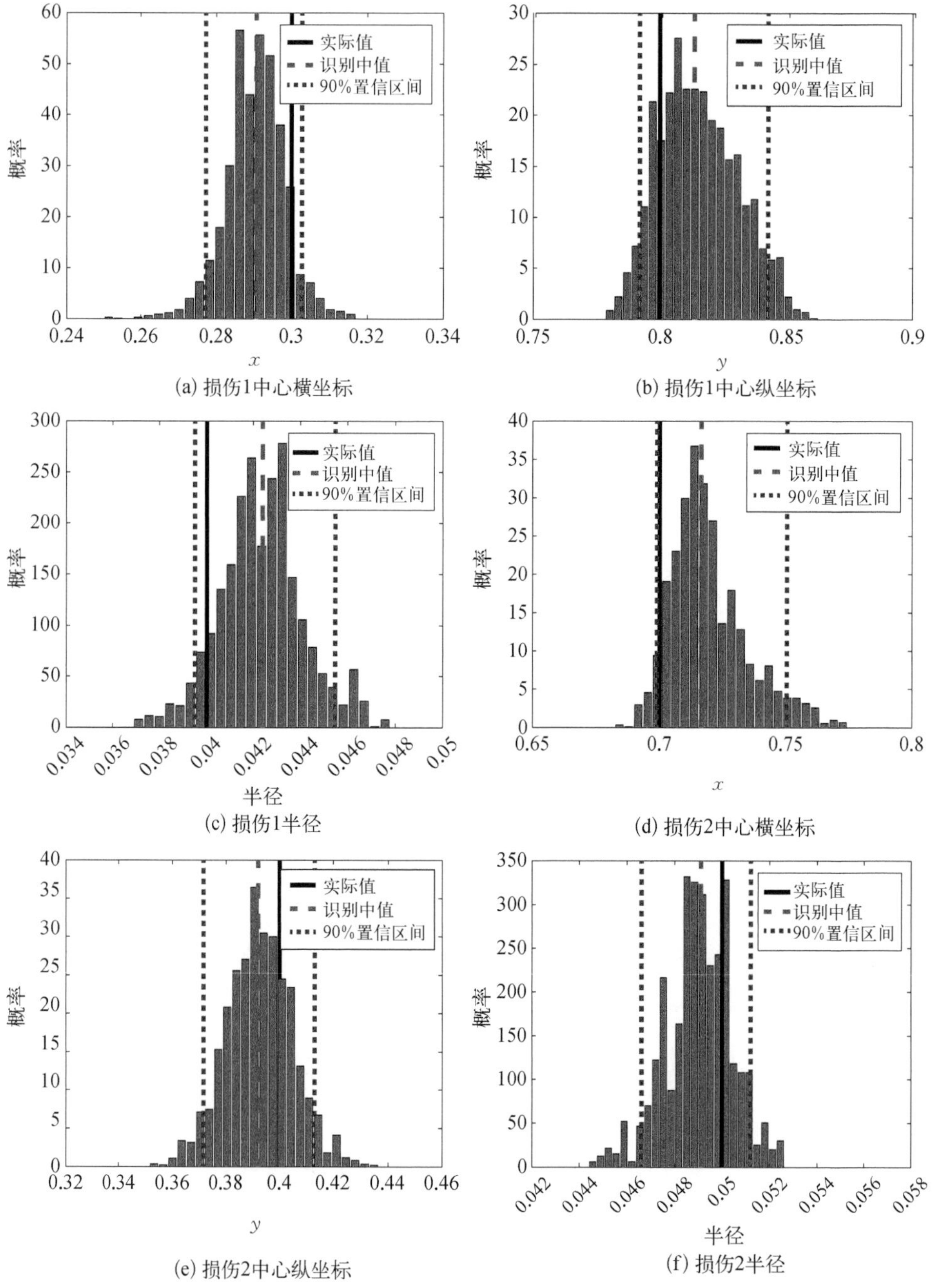

图 4.4　损伤情况 I 各损伤参数概率密度

表 4.4　损伤情况 I 损伤参数识别值与实际值比较

	损伤 1			损伤 2		
	x_1	y_1	r_1	x_2	y_2	r_2
实际值	0.3	0.8	0.04	0.7	0.4	0.05
识别中位值	0.291	0.814	0.042	0.717	0.392	0.049
识别 90% 置信区间	[0.277, 0.303]	[0.792, 0.843]	[0.040, 0.046]	[0.699, 0.750]	[0.371, 0.413]	[0.047, 0.051]

对于损伤情况Ⅱ(三个损伤)有类似的结果。表 4.5 所示为损伤情况Ⅱ时对各模型类进行马尔可夫链蒙特卡罗抽样后,对相关信息进行计算的结果。从表中可以看出,从模型类 M_1 到 M_4 的计算结果可以比较得出,模型类 M_3 具有最大的对数边缘似然,其输出响应与测量响应的平均数据匹配度与模型类 M_4 相同,而模型复杂度(即信息熵)较模型类 M_4 低。将这四个模型类的对数边缘似然转换为后验概率,可看出模型类 M_3 具有 95.3%的概率,显著高于其他三个模型类,因此可以从测量响应中推断出结构中损伤的数目为 3,与实际损伤数目一致。图 4.5 给出了由马尔可夫链蒙特卡罗法抽样获得的三个损伤的各个参数的样本直方图,由此可估计出损伤参数的中位值以及 90%置信区间,其结果在表 4.6 中给出。图 4.6 给出了两种损伤情况中,识别的损伤与实际损伤的比较。从图中可以看出,结合贝叶斯模型选择和贝叶斯模型修正的方法不仅能有效地识别出损伤的个数,还能比较好地识别出损伤的位置和尺寸,并且给出损伤的置信区间,以及有效考虑模型误差和测量噪声等不确定性因素的影响。

表 4.5　损伤情况Ⅱ模型选择结果

模型类	平均数据匹配度	信息熵	对数边缘似然	后验概率
M_1	−19 027	9	−19 036	0
M_2	−18 936	20	−18 956	0
M_3	−18 919	27	−18 946	95.3%
M_4	−18 919	30	−18 949	4.7%

表 4.6　损伤情况Ⅱ损伤参数识别值与实际值比较

	损伤 1			损伤 2			损伤 3		
	x_1	y_1	r_1	x_2	y_2	r_2	x_3	y_3	r_3
实际值	0.2	0.6	0.04	0.6	0.8	0.04	0.7	0.4	0.05
识别中位值	0.208	0.590	0.043	0.626	0.792	0.037	0.702	0.395	0.051
识别 90% 置信区间	[0.194, 0.221]	[0.563, 0.614]	[0.041, 0.044]	[0.595, 0.660]	[0.700, 0.840]	[0.033, 0.041]	[0.687, 0.725]	[0.373, 0.415]	[0.048, 0.053]

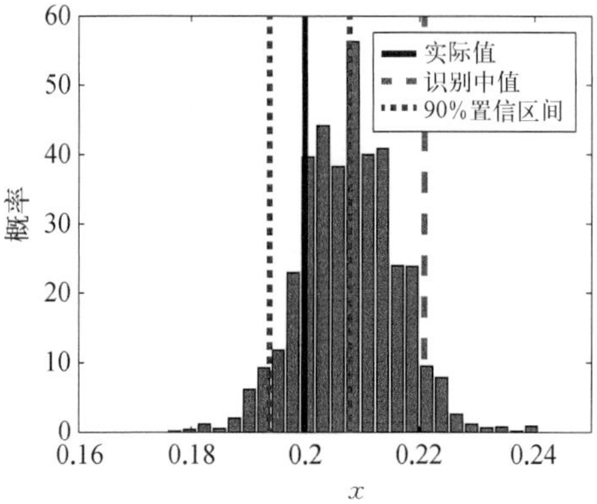

(a) 损伤1中心横坐标

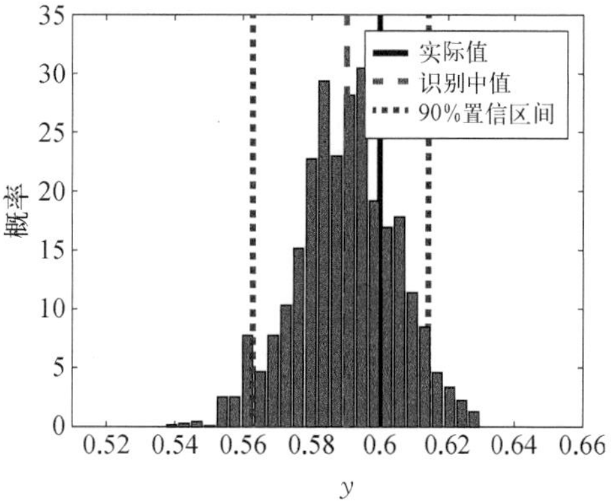

(b) 损伤1中心纵坐标

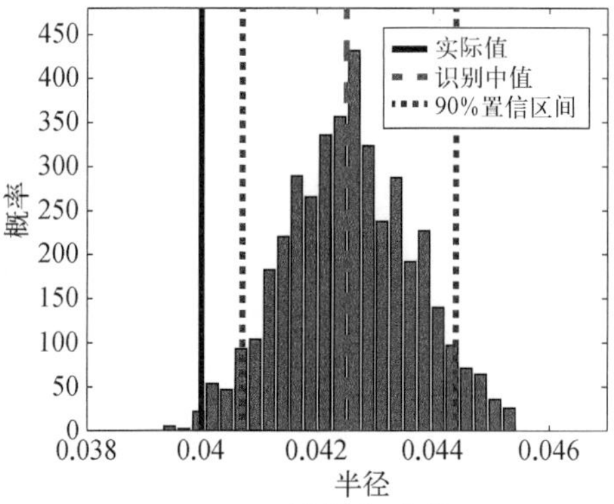

(c) 损伤1半径

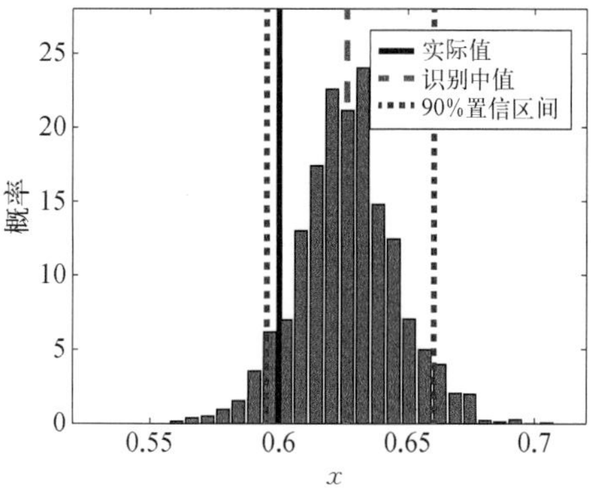

(d) 损伤2中心横坐标

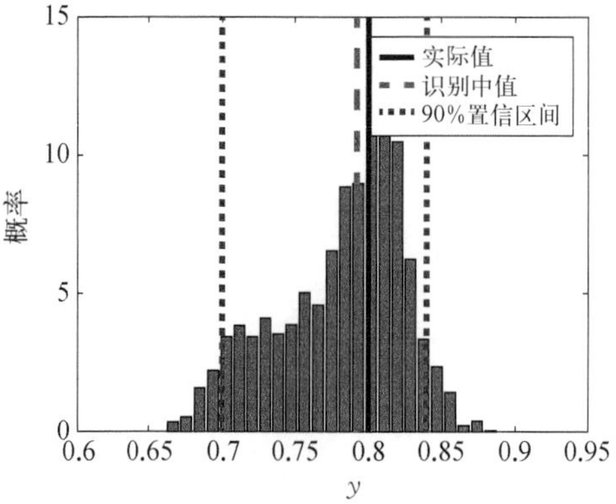

(e) 损伤2中心纵坐标

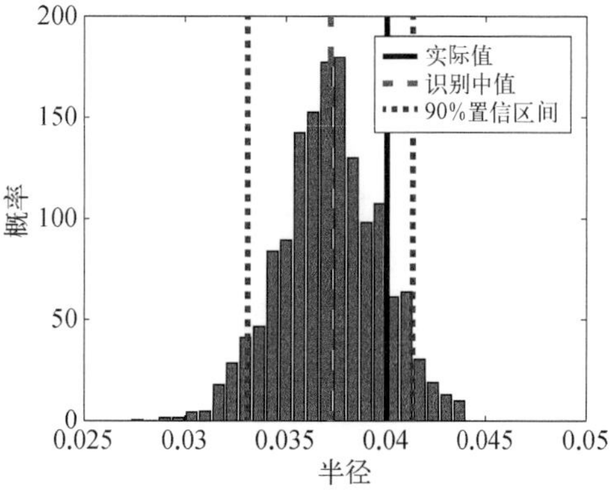

(f) 损伤2半径

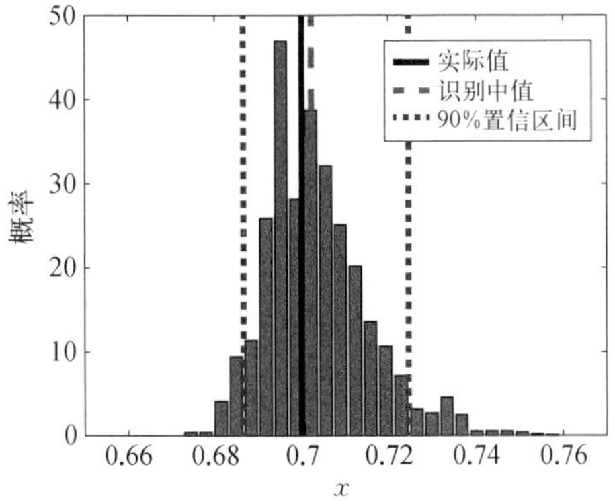

(g) 损伤3中心横坐标

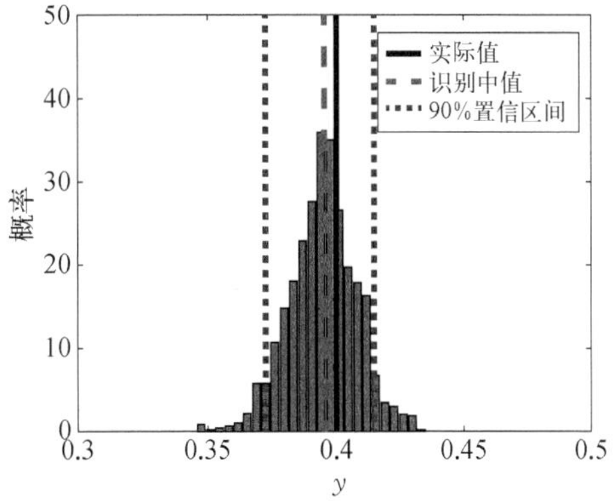

(h) 损伤3中心纵坐标

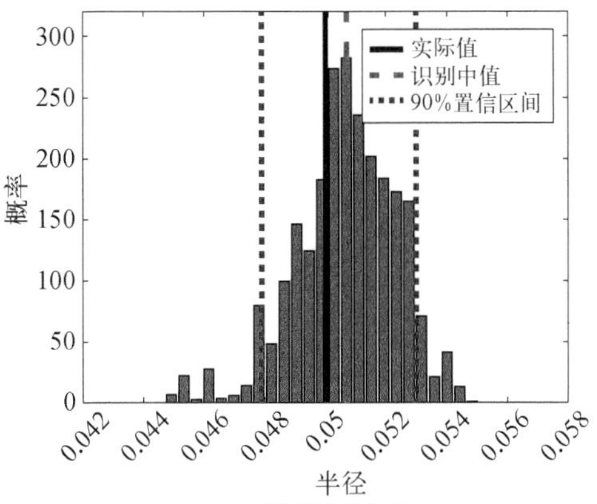

(i) 损伤3半径

图 4.5　损伤情况 Ⅱ 各损伤参数概率密度

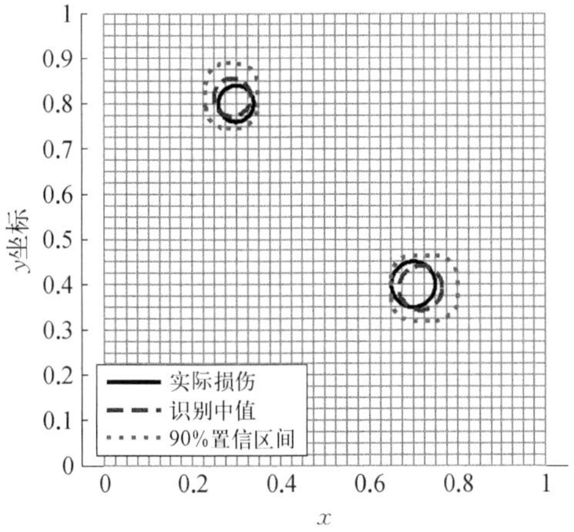

(a) 损伤情况 Ⅰ

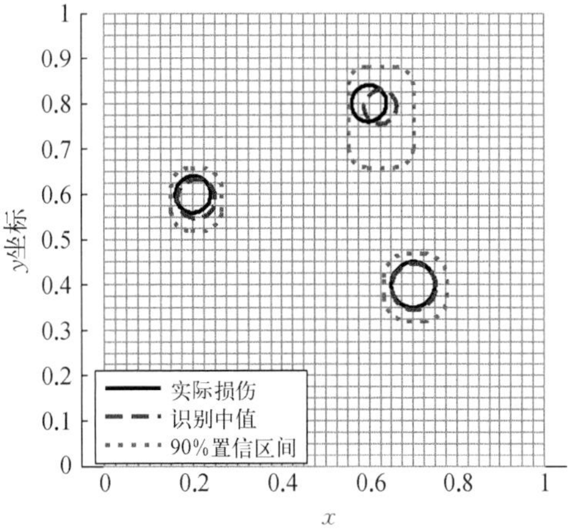

(b) 损伤情况 Ⅱ

图 4.6　损伤识别结果与实际损伤情况比较

4.3.4 可逆跳跃马尔可夫链蒙特卡罗法识别结果

当采用可逆跳跃马尔可夫链蒙特卡罗法对以上未知数量多部位结构损伤情况进行识别时,不需要预先设立多个备选模型类。假设结构中损伤的数量为 k, 描述损伤的参数向量可以写为

$$\boldsymbol{\theta}_k = [x_1 \quad y_1 \quad r_1 \quad x_2 \quad y_2 \quad r_2 \quad \cdots \quad x_k \quad y_k \quad r_k]^{\mathrm{T}} \tag{4.40}$$

其中, $n_k = 3 \cdot k$ 为损伤参数向量的维度。

为了采用贝叶斯统计推断对损伤数量 k 和相应的损伤参数向量 $\boldsymbol{\theta}_k$ 进行同时识别,需要在贝叶斯公式中引入 k 的先验和后验概率。由贝叶斯定理,在测量数据 D 支撑下,损伤数量 k 和损伤参数向量 $\boldsymbol{\theta}_k$ 的联合条件概率密度可以写为

$$p(k, \boldsymbol{\theta}_k \mid D) = \frac{P(k)p(\boldsymbol{\theta}_k \mid k)p(D \mid k, \boldsymbol{\theta}_k)}{P(D)} \tag{4.41}$$

其中, $P(k)$ 是损伤数量 k 的先验概率; $p(\boldsymbol{\theta}_k \mid k)$ 是损伤参数向量 $\boldsymbol{\theta}_k$ 的先验概率密度; $p(D \mid k, \boldsymbol{\theta}_k)$ 是似然函数,分母:

$$p(D) = \sum_{k \in K} P(k)P(D \mid k) = \sum_{k \in K} P(k) \int_{\boldsymbol{\theta}_k} p(\boldsymbol{\theta}_k \mid k)p(D \mid k, \boldsymbol{\theta}_k)\mathrm{d}\boldsymbol{\theta}_k \tag{4.42}$$

是测量数据 D 的全概率。

在这里采用如下的截断泊松分布对损伤数量 k 进行先验描述:

$$P(k) \propto \frac{\lambda^k}{k!}e^{\lambda} \qquad 1 \leqslant k \leqslant k_{\max} \tag{4.43}$$

式中, λ 是一个适当选取的正数; $k_{\max}$ 是预先确定的最大的可能损伤数量。

对于损伤参数向量,其先验概率密度和式(4.29)和式(4.30)相同。式(4.32)描述的似然函数可改写为

$$p(D \mid k, \boldsymbol{\theta}_k) = \frac{1}{(2\pi\sigma^2)^{n_d n_o/2}} \exp\left[-\frac{1}{2\sigma^2}\sum_{i=1}^{n_o}\sum_{\beta=1}^{n_d} \| d_\beta^m(s_i) - d_\beta^c(s_i, k, \boldsymbol{\theta}_k) \|_2^2\right] \tag{4.44}$$

同样为方便起见,似然函数右端指数函数中的平方和可记为

$$Q(D, k, \boldsymbol{\theta}_k) = \sum_{i=1}^{n_o}\sum_{\beta=1}^{n_d} \| d_\beta^m(x_i, y_i) - d_\beta^c(x_i, y_i, k, \boldsymbol{\theta}_k) \|_2^2 \tag{4.45}$$

采用参数为 a 和 b 的共轭伽马分布来对方差 σ^2 的倒数 $\tau = 1/\sigma^2$ 进行描述,由此似然函数可以进一步改写为

$$p(D \mid k, \boldsymbol{\theta}_k) = \frac{\Gamma(a + n_d n_o/2) b^a}{\Gamma(a)(2\pi)^{n_d n_o/2}} \left[b + \frac{1}{2} Q(D, k, \boldsymbol{\theta}_k)\right]^{-(a + n_d n_o/2)} \tag{4.46}$$

其中,$\Gamma(\cdot)$ 为伽马函数。

以上是进行贝叶斯统计推断的基本公式。该问题可以看作模型选择问题:共有 k 个备选模型类,损伤数量 k 可以看作指示第 k 个备选模型类的指标,同时与之对应的损伤参数向量 $\boldsymbol{\theta}_k$ 可以由观测数据 D 进行更新修正。但通常很难获得解析解,需要基于蒙特卡罗的抽样方法来进行数值求解。

在这里采用跨维度的可逆跳跃马尔可夫链蒙特卡罗法来同时对损伤个数和损伤参数向量进行统计推断。在可逆跳跃马尔可夫链蒙特卡罗法运行过程中,引入"生"和"灭"两个操作来分别增加和减少损伤的数量,同时采用"更新"操作来对损伤参数向量进行更新抽样。在每一步中,分别赋予"生""灭"和"更新"操作一个对应的概率 r_{birth}、r_{death} 和 r_{update}。显然 $r_{\text{birth}} + r_{\text{death}} + r_{\text{update}} = 1$,并且当 $k = k_{\max}$,$r_{\text{birth}} = 0$;当 $k = 1$,$r_{\text{death}} = 0$。当"生"操作被选择后,在结构中产生一个候选的损伤,对应的损伤参数由式(4.35)随机生成并添加到损伤参数向量中(新损伤可以与已有的损伤部分重合,但不能完全被包含在已有的损伤中)。当"灭"操作被选择后,在结构中随机去除一个已有的损伤,对应的损伤参数从损伤参数向量中删去。当"更新"操作被选择后,采用基于"逐个参数更新"的策略来增加接受概率,并且对每个参数采用均布随机游动转移,即 $q(\theta_{kj}^* \mid \theta_{kj}^{i-1}) = U(\theta_{kj}^{i-1} - L_j, \theta_{kj}^{i-1} + L_j)$[其中 U 代表均布分布,θ_{kj} 表示损伤参数向量 $\boldsymbol{\theta}_k$ 的第 j 个参数分量 $(j = 1, \cdots, n_k)$,L_j 是参数 θ_{kj} 随机游动的范围]。

图 4.7(a)所示为对损伤情况 I(两个损伤)进行可逆跳跃马尔可夫链蒙特卡罗抽样后,获得的损伤个数样本。从图上可以看出,在抽样过程中,损伤个数在可能的分布范围内变动,相应的参数向量的维度也在变化。计算中,马尔可夫链的总长度取 5 000,将前 1 000 个样本设为"燃灭"阶段。去除"燃灭"阶段样本对剩余的样本进行统计分析,可以获得损伤个数的后验概率。图 4.7(b)所示为损伤个数的先验概率与后验概率的比较。从图上可以看出,在测量数据支撑下,贝叶斯统计推断对先验概率做了更新和修正,获得后验概率中,损伤个数为 2 的概率为 73.3%,远高于其他的损伤个数,可以推断出结构中存在 2 个损伤,与实际情况一致。将与 $k = 2$ 对应的参数向量样本进行统计分析,可以获得相应损伤参数的后验概率密度近似解。图 4.8 给出了可逆跳跃马尔可夫链蒙特卡罗抽样获得的 2 个损伤的各个参数的样本直方图,由此可估计出损伤参数的中位值以及 90% 置信区间,其结果在表 4.7 中给出。

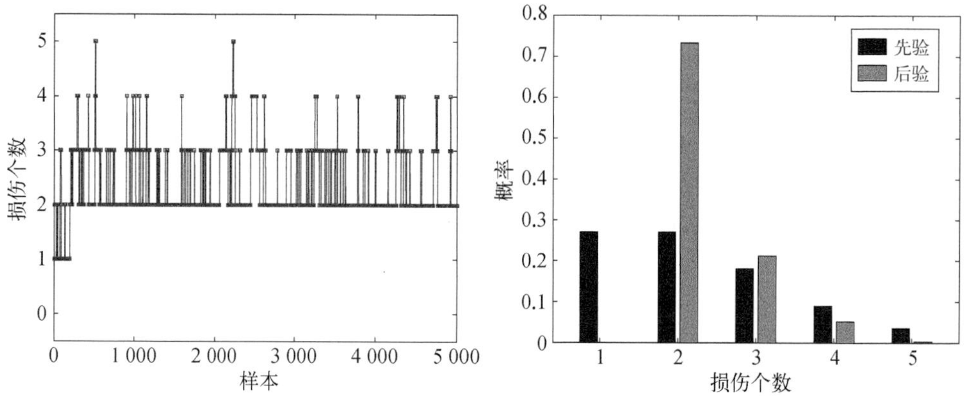

(a) 损伤个数的马尔科夫链　　(b) 各模型类概率

图 4.7　损伤情况 I 贝叶斯模型选择结果

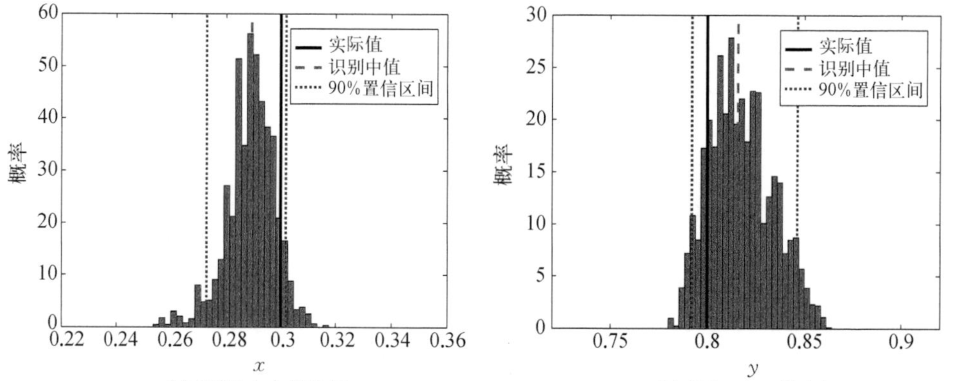

(a) 损伤1中心横坐标　　(b) 损伤1中心纵坐标

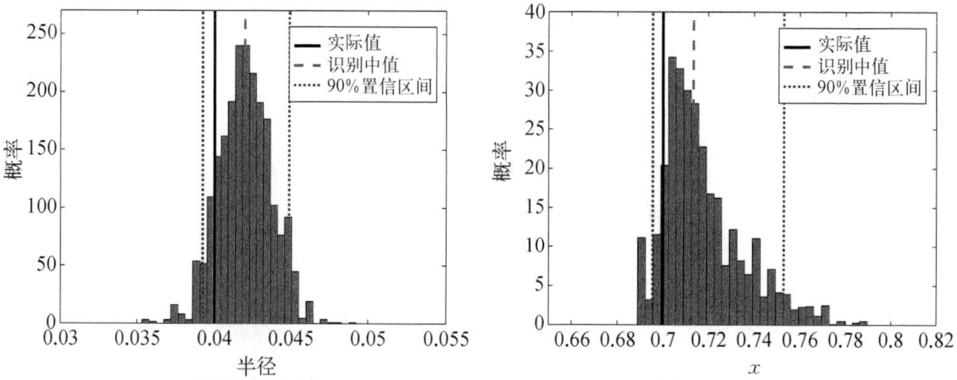

(c) 损伤1半径　　(d) 损伤2中心横坐标

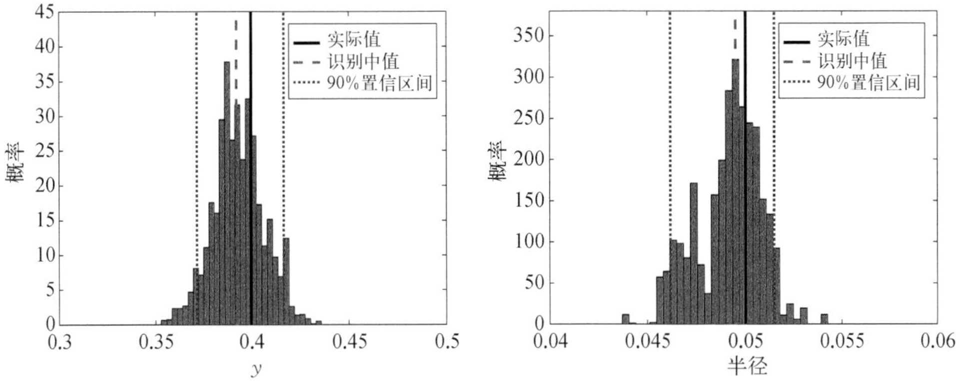

(e) 损伤2中心纵坐标　　(f) 损伤2半径

图 4.8　损伤情况 Ⅰ 各损伤参数概率密度

表 4.7　损伤情况 Ⅰ 损伤参数识别值与实际值比较

	损伤 1			损伤 2		
	x_1	y_1	r_1	x_2	y_2	r_2
实际值	0.3	0.8	0.04	0.7	0.4	0.05
识别中位值	0.289	0.816	0.042	0.714	0.392	0.049
识别 90% 置信区间	[0.273, 0.302]	[0.792, 0.846]	[0.039, 0.045]	[0.696, 0.753]	[0.371, 0.417]	[0.046, 0.052]

对于损伤情况 Ⅱ（三个损伤）有类似的结果。图 4.9(a) 所示为可逆跳跃马尔可夫链蒙特卡罗抽样后，获得的损伤个数样本。马尔可夫链的总长度为 6 000，去除前 1 500 个“燃灭”阶段后，对剩余的样本进行统计分析，可以获得损伤个数的后验概率。图 4.9(b) 所示为损伤个数的先验概率与后验概率的比较。从图上可以

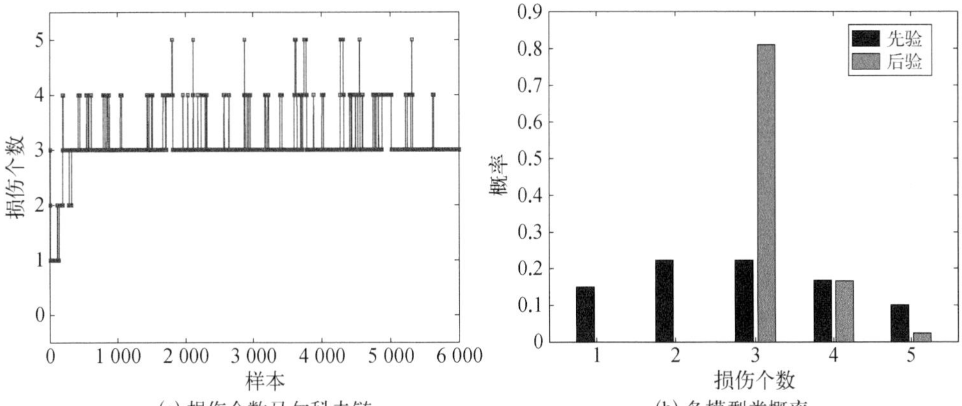

(a) 损伤个数马尔科夫链　　(b) 各模型类概率

图 4.9　损伤情况 Ⅱ 贝叶斯模型选择结果

看出，在测量数据支撑下的后验概率中，损伤个数为 3 的概率为 83.2%，远高于其他的损伤个数，可以推断出结构中存在 3 个损伤，与实际情况一致。将与 $k = 3$ 对应的参数向量样本进行统计分析，可以获得相应损伤参数的后验概率密度近似解。图 4.10 给出了可逆跳跃马尔可夫链蒙特卡罗抽样获得的 3 个损伤的各个参数的样本直方图，由此可估计出损伤参数的中位值以及 90%置信区间，其结果在表 4.8 中给出。

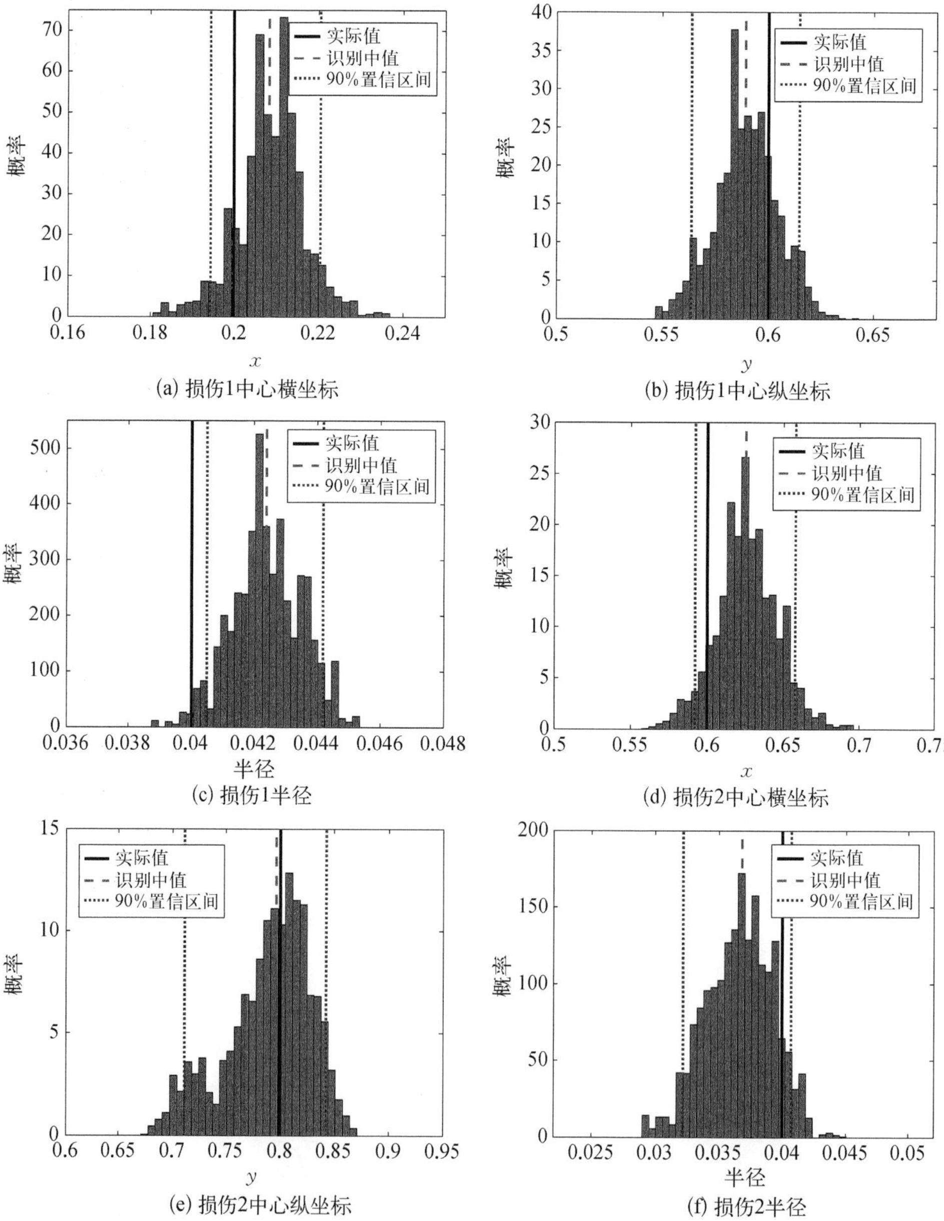

(a) 损伤1中心横坐标　(b) 损伤1中心纵坐标

(c) 损伤1半径　(d) 损伤2中心横坐标

(e) 损伤2中心纵坐标　(f) 损伤2半径

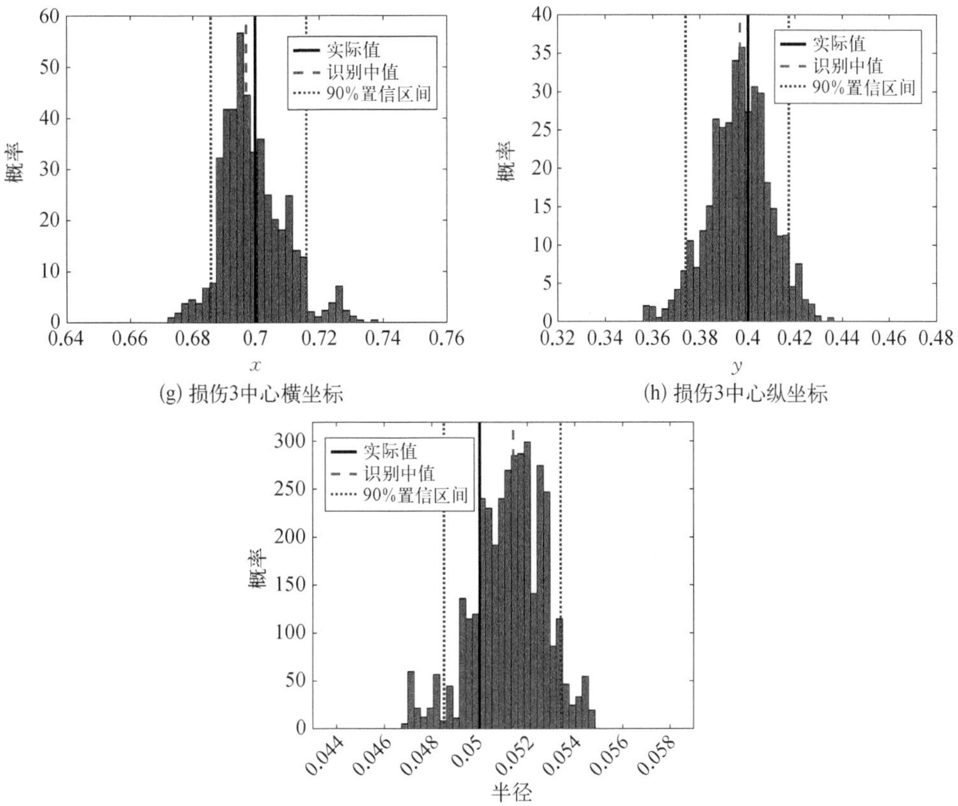

(g) 损伤3中心横坐标　　(h) 损伤3中心纵坐标

(i) 损伤3半径

图 4.10　损伤情况Ⅱ各损伤参数概率密度

表 4.8　损伤情况Ⅱ损伤参数识别值与实际值比较

	损伤 1			损伤 2			损伤 3		
	x_1	y_1	r_1	x_2	y_2	r_2	x_3	y_3	r_3
实际值	0.2	0.6	0.04	0.6	0.8	0.04	0.7	0.4	0.05
识别中位值	0.208	0.589	0.042	0.625	0.796	0.037	0.697	0.397	0.051
识别 90% 置信区间	[0.194, 0.221]	[0.564, 0.615]	[0.041, 0.044]	[0.592, 0.658]	[0.711, 0.843]	[0.032, 0.041]	[0.686, 0.716]	[0.374, 0.417]	[0.049, 0.053]

图 4.11 给出了两种损伤情况中，识别的损伤与实际损伤的比较。从图中可以看出，可逆跳跃马尔可夫链蒙特卡罗法可以很好地实现贝叶斯模型选择，不仅能有效地识别出损伤的个数，还能比较好地识别出损伤的位置和尺寸，并且给出损伤的置信区间，有效考虑模型误差和测量噪声等不确定性因素的影响。

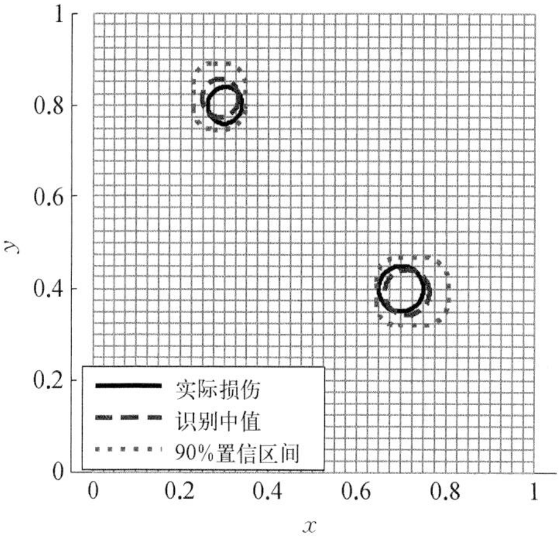

(a) 损伤情况 Ⅰ

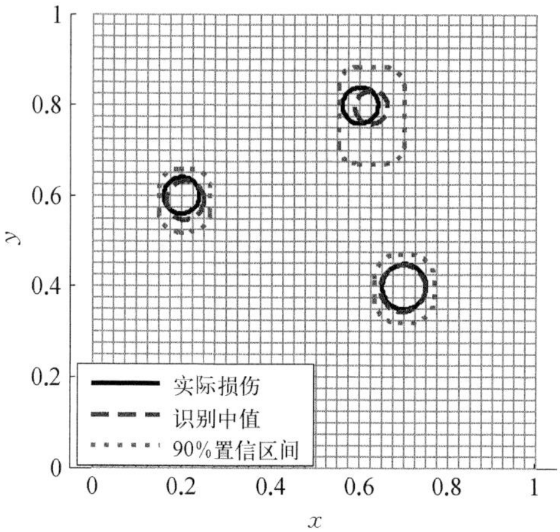

(b) 损伤情况 Ⅱ

图 4.11　损伤识别结果与实际损伤情况比较

第五章　贝叶斯滤波及应用

在结构健康监测中，很多问题，尤其是动力学问题，涉及结构系统的状态估计。这些状态很有可能是不能直接测量的，而只能通过间接方式测量到一组观测值，结合结构系统模型来进行递推估计。对于结构系统的一些需要识别的参数，也可以将其增广为时变或时不变的状态变量，通过状态估计的方式进行在线的识别。

在状态估计领域，自卡尔曼滤波方法发明以来，其一直是线性高斯系统宠用的滤波估计方法。卡尔曼滤波采用最小均方误差作为最佳滤波准则，在理论上可以得到解析形式的递推解。但卡尔曼滤波只适用于线性高斯系统，对非线性系统则无能为力。因此，在卡尔曼滤波的基础上，发展出了扩展卡尔曼滤波和无味卡尔曼滤波等非线性滤波方法，较好地解决了非线性系统的状态估计问题。近年来，针对最一般的非线性非高斯系统，粒子滤波得到了极大的发展和应用。从卡尔曼滤波到粒子滤波，其理论可以统一在贝叶斯统计推断的框架下，即贝叶斯滤波。贝叶斯滤波从一般意义上描述了用已知观测信息来构造动态系统状态变量后验概率密度的过程，即采用系统模型预测状态的先验概率密度，再由最新的观测数据修正得到状态的后验概率密度。卡尔曼滤波、扩展卡尔曼滤波、无味卡尔曼滤波和粒子滤波等都只是贝叶斯滤波在特定情况下的实现方式。

本章首先介绍贝叶斯滤波的基本原理，然后介绍扩展卡尔曼滤波和无味卡尔曼滤波两种对于非线性高斯系统常用的贝叶斯滤波形式，以及适合最一般非线性非高斯系统的粒子滤波，最后结合两个具体的例子，演示贝叶斯滤波在结构健康监测中的应用。

5.1　贝叶斯滤波基本原理

对于一个动态系统，通常可以用如下的两个方程来进行描述：

$$\boldsymbol{X}_k = f(\boldsymbol{X}_{k-1},\ \boldsymbol{\omega}_{k-1}) \tag{5.1}$$

$$\boldsymbol{Z}_k = h(\boldsymbol{X}_k,\ \boldsymbol{v}_k) \tag{5.2}$$

其中，式(5.1)称为系统方程，式(5.2)称为观测方程；$\boldsymbol{X}_k$ 是该动态系统在离散时刻 $t_k = k\Delta t$（Δt 是采样间隔）的状态变量向量；$\boldsymbol{Z}_k$ 是对应时刻的观测向量；f 是描述该系统行为的状态变量转移函数，一般为非线性函数；h 是描述观测量与系统状态变量关系的观测函数,一般也为非线性函数; $\boldsymbol{\omega}_k$ 和 $\boldsymbol{v}_k$ 则分别为描述系统过程和观测过程中扰动和噪声的随机变量向量,通常认为都是独立同分布的。

采用贝叶斯理论对式(5.1)和式(5.2)进行滤波求解时,认为状态变量向量的初始值 $\boldsymbol{X}_0$ 为一随机向量,可以用概率密度 $p(\boldsymbol{X}_0)$ 来描述。结合系统方程和观测方程,过程噪声 $\boldsymbol{\omega}_k$ 和测量噪声 $\boldsymbol{v}_k$ 的概率模型可以用来描述状态变量向量和观测向量的一步预测条件概率密度 $p(\boldsymbol{X}_k \mid \boldsymbol{X}_{k-1})$ 和 $p(\boldsymbol{Z}_k \mid \boldsymbol{X}_k)$。

在任一时刻 t_k, 当观测向量 $\boldsymbol{Z}_k$ 获得后,可以与之前的所有观测向量组成一个观测序列 $\boldsymbol{Z}_{1:k} = \{\boldsymbol{Z}_1 \quad \boldsymbol{Z}_2 \quad \cdots \quad \boldsymbol{Z}_k\}$。贝叶斯状态估计的目的就是要从观测序列出发来确定当前时刻状态变量向量 $\boldsymbol{X}_k$ 的后验概率密度 $p(\boldsymbol{X}_k \mid \boldsymbol{Z}_{1:k})$, 又称为滤波概率密度。这个过程是基于系统的马尔可夫特性,即虽然采集了到当前时刻为止的所有观测向量,但当前时刻状态变量向量后验概率密度的确定仅使用了上一时刻状态变量向量和当前时刻获得的观测向量的信息,以及过程噪声和测量噪声的概率模型。由此还可以得到状态变量向量 $\boldsymbol{X}_k$ 基于测量序列 $\boldsymbol{Z}_{1:k}$ 的条件概率期望和协方差矩阵:

$$\overline{\boldsymbol{X}}_{k|k} = \int \boldsymbol{X}_k p(\boldsymbol{X}_k \mid \boldsymbol{Z}_{1:k}) \mathrm{d}\boldsymbol{X}_k \tag{5.3}$$

$$\boldsymbol{\Sigma}_{k|k} = \int (\boldsymbol{X}_k - \overline{\boldsymbol{X}}_{k|k})^{\mathrm{T}} (\boldsymbol{X}_k - \overline{\boldsymbol{X}}_{k|k}) p(\boldsymbol{X}_k \mid \boldsymbol{Z}_{1:k}) \mathrm{d}\boldsymbol{X}_k \tag{5.4}$$

基于贝叶斯统计理论,可以获得上述动态系统状态变量估计问题解的一般性框架,即贝叶斯滤波。贝叶斯滤波通过预测与修正两个步骤从 $p(\boldsymbol{X}_{k-1} \mid \boldsymbol{Z}_{1:k-1})$ 获得 $p(\boldsymbol{X}_k \mid \boldsymbol{Z}_{1:k})$。在预测步,采用切普曼-柯尔莫戈罗夫方程可以从状态变量向量上一时刻的概率密度获得状态变量向量在当前时刻的先验概率密度:

$$p(\boldsymbol{X}_k \mid \boldsymbol{Z}_{1:k-1}) = \int p(\boldsymbol{X}_k \mid \boldsymbol{X}_{k-1}) p(\boldsymbol{X}_{k-1} \mid \boldsymbol{Z}_{1:k-1}) \mathrm{d}\boldsymbol{X}_{k-1} \tag{5.5}$$

然后在修正步,由于当前时刻获得了新的观测向量 $\boldsymbol{Z}_k$, 可以由贝叶斯定理对 $\boldsymbol{X}_k$ 的预测先验概率密度进行更新:

$$p(\boldsymbol{X}_k \mid \boldsymbol{Z}_{1:k}) = \frac{p(\boldsymbol{Z}_k \mid \boldsymbol{X}_k) p(\boldsymbol{X}_k \mid \boldsymbol{Z}_{1:k-1})}{p(\boldsymbol{Z}_k \mid \boldsymbol{Z}_{1:k-1})} \tag{5.6}$$

式中的分母为

$$p(\boldsymbol{Z}_k \mid \boldsymbol{Z}_{1:k-1}) = \int p(\boldsymbol{Z}_k \mid \boldsymbol{X}_k) p(\boldsymbol{X}_k \mid \boldsymbol{Z}_{1:k-1}) \mathrm{d}\boldsymbol{X}_k \tag{5.7}$$

式(5.5)至式(5.7)描述了贝叶斯滤波的基本思想,但式(5.5)中的积分项仅对高斯线性系统[即式(5.1)和式(5.2)中的 f 和 h 均为线性函数, $\boldsymbol{\omega}_k$ 和 $\boldsymbol{v}_k$ 均服从高斯分布]存在解析解(即为著名的卡尔曼滤波)。对于非线性和非高斯的系统,常需要进行一定程度的近似和简化,或采用数值解法进行运算。对于这些情况,在贝叶斯滤波领域常用的有扩展卡尔曼滤波、无味卡尔曼滤波以及粒子滤波。

5.2　非线性滤波方法

5.2.1　扩展卡尔曼滤波

假设在式(5.1)和式(5.2)中,噪声向量 $\boldsymbol{\omega}_k$ 和 $\boldsymbol{v}_k$ 均服从高斯分布,其均值都为零,协方差矩阵分别为 $\boldsymbol{Q}$ 和 $\boldsymbol{R}$。滤波的目标是利用当前时刻的观测量估计出当前时刻状态变量向量的均值以及协方差。

扩展卡尔曼滤波作为处理非线性系统的经典方法,其思想是将非线性函数在估计点附近进行泰勒展开。当给定状态变量向量均值 $\overline{\boldsymbol{X}}_0$ 和协方差的初值 $\boldsymbol{P}_0$,扩展卡尔曼滤波的预测阶段可以写成如下的形式:

$$\overline{\boldsymbol{X}}_k^- = f(\overline{\boldsymbol{X}}_{k-1}) \tag{5.8}$$

$$\boldsymbol{P}_k^- = \boldsymbol{\Phi}_{k-1}\boldsymbol{P}_{k-1}\boldsymbol{\Phi}_{k-1}^{\mathrm{T}} + \boldsymbol{Q} \tag{5.9}$$

$$\boldsymbol{Z}_k^- = h(\overline{\boldsymbol{X}}_k^-) \tag{5.10}$$

$$\boldsymbol{\Phi}_{k-1} = \left.\frac{\partial f(\boldsymbol{X})}{\partial \boldsymbol{X}}\right|_{\boldsymbol{X}=\overline{\boldsymbol{X}}_{k-1}} \tag{5.11}$$

式中,$\boldsymbol{\Phi}$ 是状态转移矩阵;$\overline{\boldsymbol{X}}_k^-$、$\boldsymbol{P}_k^-$、$\boldsymbol{Z}_k^-$ 分别为在 k 时刻根据 $k-1$ 时刻的状态变量向量均值估计量 $\overline{\boldsymbol{X}}_{k-1}$ 进行预测获得的状态变量向量均值、协方差矩阵和对应的观测量。当获得当前时刻的实际观测量 $\boldsymbol{Z}_k$ 后,修正阶段可以写成如下的形式:

$$\overline{\boldsymbol{X}}_k = \overline{\boldsymbol{X}}_k^- + \boldsymbol{K}_k(\boldsymbol{Z}_k - \boldsymbol{Z}_k^-) \tag{5.12}$$

$$\boldsymbol{P}_k = (\boldsymbol{I} - \boldsymbol{K}_k\boldsymbol{H}_k)\boldsymbol{P}_k^- \tag{5.13}$$

式中,$\boldsymbol{I}$ 是单位矩阵;$\overline{\boldsymbol{X}}_k$ 和 $\boldsymbol{P}_k$ 分别是修正后的 k 时刻状态变量向量均值的估计值和协方差值;$\boldsymbol{H}$ 是雅可比矩阵,

$$\boldsymbol{H}_k = \left.\frac{\partial h(\boldsymbol{X})}{\partial \boldsymbol{X}}\right|_{\boldsymbol{X}=\overline{\boldsymbol{X}}_k^-} \tag{5.14}$$

卡尔曼增益矩阵 $\boldsymbol{K}$ 则为

$$\boldsymbol{K}_k = \boldsymbol{P}_k^-\boldsymbol{H}_k^{\mathrm{T}}(\boldsymbol{H}_k\boldsymbol{P}_k^-\boldsymbol{H}_k^{\mathrm{T}} + \boldsymbol{R})^{-1} \tag{5.15}$$

5.2.2 无味卡尔曼滤波

无味卡尔曼滤波是一种在扩展卡尔曼滤波基础上的改进算法。扩展卡尔曼滤波通过线性化方法来逼近非线性状态方程和观测方程,而无味卡尔曼滤波不需要对非线性系统进行线性化,也无需计算雅可比矩阵。

无味卡尔曼滤波的核心思想是无味变换,用一组确定的样本点(西格玛点)去近似高斯分布,求解观测条件下系统状态后验概率密度的均值和方差,从而得到系统状态递推均值和方差的估计。通过无味变换,滤波估计可以达到三阶泰勒级数相当的精度,性能比扩展卡尔曼滤波更好。

考虑如式(5.1)和(5.2)中的非线性函数,假设 $\bar{\boldsymbol{X}}_k$ 和 $\boldsymbol{P}_{\boldsymbol{X}_k}$ 分别是当前时刻状态变量向量 $\boldsymbol{X}_k$ 的均值和协方差。无味变换采用 $2n+1$ 个西格玛点 $\boldsymbol{\chi}_k^i$ 以及相应的权系数 W^i 来确定当前观测量 $\boldsymbol{Z}_k$ 的均值 $\bar{\boldsymbol{Z}}_k$ 和协方差 $\boldsymbol{P}_{\boldsymbol{Z}_k}$。这些西格玛点以及权系数的定义如下:

$$\begin{cases}\boldsymbol{\chi}_k^i = \bar{\boldsymbol{X}}_k,\ W^i = \dfrac{\kappa}{n_X+\kappa},\ i=0 \\ \boldsymbol{\chi}_k^i = \bar{\boldsymbol{X}}_k + \left[\sqrt{(n_X+\kappa)\boldsymbol{P}_{\boldsymbol{X}_k}}\right]_i,\ W^i = \dfrac{1}{2(n_X+\kappa)},\ i=1,2,\cdots,n_X \\ \boldsymbol{\chi}_k^i = \bar{\boldsymbol{X}}_k - \left[\sqrt{(n_X+\kappa)\boldsymbol{P}_{\boldsymbol{X}_k}}\right]_i,\ W^i = \dfrac{1}{2(n_X+\kappa)},\ i=n_X+1,n_X+2,\cdots,2n_X\end{cases} \tag{5.16}$$

式中,$\kappa=\zeta^2(n_X+\mu)-n_X$ 是尺度参数,μ 是辅助尺度参数(通常设为零),ζ 用于确定西格玛点在状态变量均值 $\bar{\boldsymbol{X}}$ 附近的分布;$\left[\sqrt{(n_X+\kappa)\boldsymbol{P}_{\boldsymbol{X}_k}}\right]_i$ 是矩阵 $(n_X+\kappa)\boldsymbol{P}_{\boldsymbol{X}_k}$ 平方根的第 i 行或列;W^i 是与第 i 个西格玛点对应的权系数;n_X 是状态变量向量中所含元素的个数。需要注意的是,κ 必须是正值或满足 $(n_X+\kappa)\neq 0$ 的负值。

当给定状态变量向量均值 $\bar{\boldsymbol{X}}_0$ 和协方差的初值 $\boldsymbol{P}_{\boldsymbol{X}_0}$,无味卡尔曼滤波通过如下的步骤对状态向量变量和协方差进行递归估计:

$$\boldsymbol{\chi}_k^- = f(\boldsymbol{\chi}_{k-1}) \tag{5.17}$$

$$\bar{\boldsymbol{X}}_k^- = \sum_{i=0}^{2n_X} W^i \boldsymbol{\chi}_k^{i-} \tag{5.18}$$

$$P_{\boldsymbol{X}_k}^- = \sum_{i=0}^{2n_X} W^i(\boldsymbol{\chi}_k^{i-} - \bar{\boldsymbol{X}}_k^-)(\boldsymbol{\chi}_k^{i-} - \bar{\boldsymbol{X}}_k^-)^{\mathrm{T}} \tag{5.19}$$

$$\boldsymbol{Z}_k^{i-} = h(\boldsymbol{\chi}_{k-1}^i) \tag{5.20}$$

$$\overline{\boldsymbol{Z}}_k^- = \sum_0^{2n_X} W^i \boldsymbol{Z}_k^{i-} \tag{5.21}$$

$$\boldsymbol{P}_{Z_k} = \sum_{i=0}^{2n_X} W^i (\boldsymbol{Z}_k^{i-} - \overline{\boldsymbol{Z}}_k^-)(\boldsymbol{Z}_k^{i-} - \overline{\boldsymbol{Z}}_k^-)^{\mathrm{T}} + \boldsymbol{R} \tag{5.22}$$

$$\boldsymbol{P}_{X_k Z_k} = \sum_{i=0}^{2n_X} W^i (\chi_k^{i-} - \overline{\boldsymbol{X}}_k^-)(\boldsymbol{Z}_k^{i-} - \overline{\boldsymbol{Z}}_k^-)^{\mathrm{T}} \tag{5.23}$$

$$\boldsymbol{K}_k = \boldsymbol{P}_{X_k Z_k} \boldsymbol{P}_{Z_k}^{-1} \tag{5.24}$$

$$\overline{\boldsymbol{X}}_k = \overline{\boldsymbol{X}}_k^- + \boldsymbol{K}_k (\boldsymbol{Z}_k - \overline{\boldsymbol{Z}}_k^-) \tag{5.25}$$

$$\boldsymbol{P}_{X_k} = \boldsymbol{P}_{X_k}^- - \boldsymbol{K}_k \boldsymbol{P}_{Z_k} \boldsymbol{K}_k^{\mathrm{T}} \tag{5.26}$$

5.2.3　粒子滤波

扩展卡尔曼滤波和无味卡尔曼滤波虽然在一定程度上解决了非线性滤波的问题,但两者针对的都是非线性高斯动态系统,对于更一般性的非线性非高斯系统的状态滤波则无能为力。对于贝叶斯滤波过程中存在的高维积分问题,基于蒙特卡罗模拟的粒子滤波提供了较好的解决方法,在近年来得到了很大的发展和广泛的应用。

粒子滤波通过寻找一组在状态空间中传播的随机样本 $\boldsymbol{X}_k^i\ (i=1,2,\cdots,n)$ 以及相应的权系数 w_k^i 来对后验概率密度 $p(\boldsymbol{X}_k \mid \boldsymbol{Z}_{1:k})$ 进行近似:

$$p(\boldsymbol{X}_k \mid \boldsymbol{Z}_{1:k}) = \sum\nolimits_{i=1}^{n} w_k^i \delta(\boldsymbol{X}_k - \boldsymbol{X}_k^i) \tag{5.27}$$

式中,δ 为狄拉克函数。

这些带有权系数的随机样本即“粒子”,随着粒子数目的增加,粒子的概率密度逐渐逼近状态变量的概率密度,粒子滤波估计即达到了贝叶斯估计的效果。在粒子滤波中,每个粒子的权系数 w_k^i 通过重要性采样获得:

$$w_k^i \propto \frac{p(\boldsymbol{X}_k^i \mid \boldsymbol{Z}_{1:k})}{q(\boldsymbol{X}_k^i \mid \boldsymbol{Z}_{1:k})} \tag{5.28}$$

其中,$q(\boldsymbol{X}_k \mid \boldsymbol{Z}_{1:k})$ 为重要性概率密度函数,从其中采样获取 n 个粒子 $\boldsymbol{X}_k^i$。权系数经过归一化后,其和为单位一。

假设动态系统状态符合马尔可夫过程,在给定状态下,观测量条件独立,则权系数可以递归估计获得：

$$w_k^i \propto w_{k-1}^i \frac{p(\boldsymbol{Z}_k \mid \boldsymbol{X}_k^i)p(\boldsymbol{X}_k^i \mid \boldsymbol{X}_{k-1}^i)}{q(\boldsymbol{X}_k^i \mid \boldsymbol{X}_{k-1}^i, \boldsymbol{Z}_k)} \tag{5.29}$$

式中，$p(\boldsymbol{X}_k^i \mid \boldsymbol{X}_{k-1}^i)$ 是由式(5.1)系统方程定义的转移密度，$p(\boldsymbol{Z}_k \mid \boldsymbol{X}_k^i)$ 则是由式(5.2)观测方程定义的似然函数。

但选择最优的重要性概率密度函数 $q(\boldsymbol{X}_k^i \mid \boldsymbol{X}_{k-1}^i, \boldsymbol{Z}_k)$ 往往比较困难，通常直接采用转移概率密度作为重要性概率密度函数，即

$$q(\boldsymbol{X}_k^i \mid \boldsymbol{X}_{k-1}^i, \boldsymbol{Z}_k) = p(\boldsymbol{X}_k^i \mid \boldsymbol{X}_{k-1}^i) \tag{5.30}$$

因此式(5.29)可以简化为

$$w_k^i \propto w_{k-1}^i p(\boldsymbol{Z}_k \mid \boldsymbol{X}_k^i) \tag{5.31}$$

粒子滤波在实施过程中面临的一个主要问题是粒子匮乏，指的是随着迭代次数的增加，越来越向权系数大的粒子集中，使得粒子丧失多样性的现象。最严重的情况下，最后只剩下一个粒子。这将导致大量计算的浪费以及对目标概率密度 $p(\boldsymbol{X}_k \mid \boldsymbol{Z}_{1:k})$ 近似程度极差。

重采样是降低粒子匮乏现象的一种常用有效方法，其思想是通过对粒子和相应权系数表示的概率密度进行重新采样，复制权系数较大的粒子数。由于重采样是独立同分布的，因此在重采样之后，需要将全部粒子的权系数调整为相同，即 $w_k^i = 1/n$。

如图 5.1 所示，预测、修正以及重采样构成了标准粒子滤波的一个迭代步。在

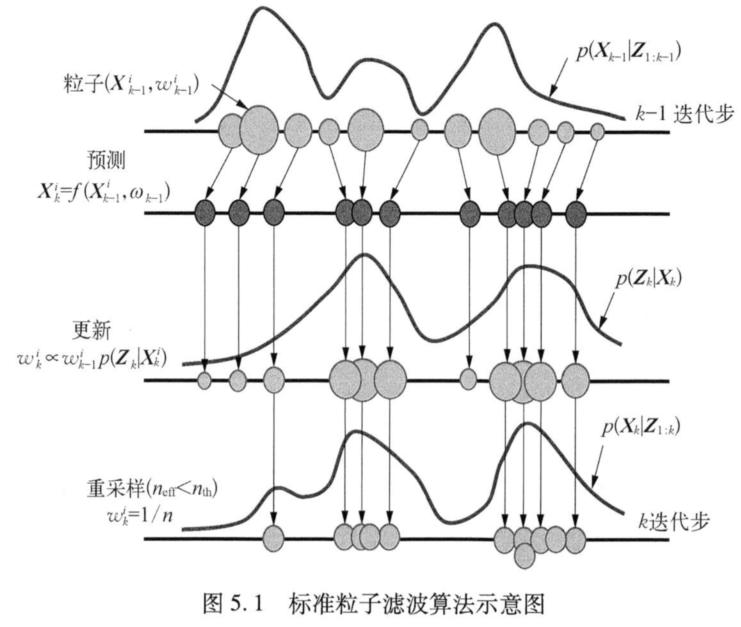

图 5.1　标准粒子滤波算法示意图

粒子滤波实施过程的每一个迭代步,可以采用有效粒子数 n_{eff} 来定量评估粒子匮乏程度。有效粒子数的定义为

$$n_{\mathrm{eff}}=\frac{1}{\sum_{i}^{n}(w_{k}^{i})^{2}} \tag{5.32}$$

为了避免每一迭代步都进行重采样,只有当有效粒子数低于一个设定的阈值 n_{th} 时,才采用启动实施重采样,这样能够自适应地根据粒子情况决定是否进行重采样,在一定程度上降低算法复杂度和计算量。

5.3　基于粒子滤波的声发射源定位

5.3.1　声发射源定位原理

声发射技术是根据结构内部损伤萌生和扩展时产生的瞬态应力波来判断结构内部损伤的一种监测方法。传统的声发射技术通过从声发射信号中获取声发射参数来对损伤进行评估,每一个声发射参数都是对声发射过程的具体描述。随着导波理论的发展,近些年来,声发射技术开始从参数式声发射向模态声发射转变。模态声发射是对材料中的声发射源所发出的超声波进行研究,它分析的是声发射源产生的超声模式波。在将声发射信号分解成不同模式的超声导波后,可以利用对超声导波的认识,对声发射源的特征和性质进行分析推断,其中声发射源的定位技术一直是声发射研究领域的一个重要问题。

目前在声发射定位领域,已经提出了许多定位方法,其中基于波达时刻的定位方法被广泛应用。通过已知的传感器位置,以及超声导波的速度,可以采用不同的三角化定位方法,如求解一组非线性方程,或使用优化算法迭代求解,获得声发射源的位置。在声发射源定位中,有一种传统的方法是将两个传感器看作双曲线的两个焦点,则以此两个焦点可画出一条双曲线;由另一组传感器可画出第二条双曲线,由此类推得到的多条双曲线的交点即为声发射源的位置。但这需要的前提是所有测量获得的声发射信号到达时间以及理论波速都是准确的。在这些方法中,对声发射信号中不同模式导波到达时刻的提取非常重要,直接影响声发射源定位的精度。但由于信号噪声、频散效应、信号处理等原因,很难获得精确的波达时刻数据。同时,为了事先确定不同模式导波的波速,需要根据结构的材料参数,通过导波方程计算获得。但由于制造工艺、材料老化等原因,结构实际的材料参数与名义值有一定的差别,并且由于模型简化、温度效应等因素,理论计算的波速也与实际的波速有一定的误差。这些问题给声发射源定位带来的影响都是不确定性的。传统的基于波达时刻的定位算法都是确定性的方法,没有考虑这些不确定性因素的影响。

本节介绍一种基于粒子滤波的方法,考虑不确定性因素的影响,将贝叶斯统计推断理论引入声发射源定位中,通过将声发射源发出的超声导波传播时间模型嵌入贝叶斯滤波的框架中,应用超声导波传播到不同传感器位置的时间差对声发射源进行定位。与传统确定性方法只能给出声发射源位置的单点识别结果不同,贝叶斯方法能够更好地考虑声发射源位置识别中的不确定性因素,给出声发射源位置的概率分布,定量分析识别结果的不确定性,提高定位的可靠度。

5.3.2 声发射源定位问题与求解

如图 5.2 所示,在板结构表面布置了一个由 n_s 个传感器组成的网络,用于被动监测结构中发生损伤时由应变能释放而发出的声发射信号。在这 n_s 个传感器中,其中的一个被选为触发传感器或称为主传感器。当损伤发出的声发射信号传播到主传感器位置,引起主传感器信号超过一定预先设置的阈值时,可以认为在结构中发生了声发射事件(即可能发生损伤),传感器网络中的所有传感器通道被唤醒开始感应信号并把信号记录下来用于后继分析。如果声发射事件发生的时刻可以知道的话,那么由声发射信号的传播时间就可以应用三角化的方法确定出声发射源的位置。但因为声发射事件发生在传感器接收到声发射信号之前,通常声发射事件发生的绝对时刻是不能从传感器接收到的信号上直接确定出来的。因此,一般采用声发射信号到达不同传感器的时间差来对声发射源进行定位。在这里,将声发射信号到达其他传感器的时间与到达主传感器的时间进行相减,获得的时差数据用于声发射源定位。

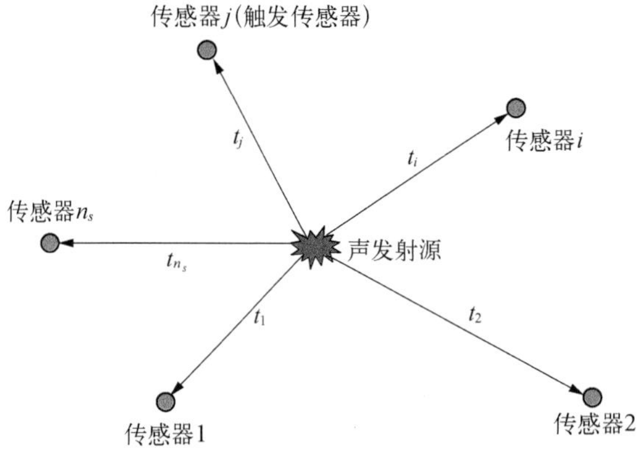

图 5.2 时差法声发射源定位示意图

理论上,声发射信号达到第 i 个传感器与主传感器(假设为第 j 个传感器)之间的时差 Δt_{ij}^c 可以写为

$$\Delta t_{ij}^{c} = \frac{\sqrt{(x_d - x_i)^2 + (y_d - y_i)^2} - \sqrt{(x_d - x_j)^2 + (y_d - y_j)^2}}{V_g} \tag{5.33}$$

式中，(x_d, y_d)、(x_i, y_i) 和 (x_j, y_j) 分别为声发射源、第 i 个传感器和第 j 个传感器的中心坐标；V_g是在所提取频率的声发射信号传播速度(当声发射信号分解为超声导波模态后，即为相应模态导波的群速度)。

而在实际监测中，当传感器网络获得声发射信号后，需要采用适当的信号处理方法来提取声发射信号到达每个传感器的时刻。在这里采用连续小波变换对信号进行时频分析来提取不同频率上声发射信号的到达时刻。理论和实验都已经证明，连续小波变换系数幅值的第一个峰值即为相应频率上超声导波信号的到达时刻。当声发射信号到达不同传感器的时刻确定后，测量获得的第 i 个传感器与第 j 个传感器的时差数据 Δt_{ij}^{m} 可以直接由相减获得：

$$\Delta t_{ij}^{m} = t_i^m - t_j^m \tag{5.34}$$

式中，t_i^m 和 t_j^m 分别为声发射信号到达第 i 个传感器和第 j 个传感器的时刻。

为了采用粒子滤波对声发射源进行定位，首先需要将声发射源定位问题归结为贝叶斯滤波问题。这里将状态变量向量定义为 $\boldsymbol{X} = [x_s, y_s, V_g]^{\mathrm{T}}$，其中$(x_s, y_s)$为声发射源位置的坐标，$V_g$ 是在所提取频率上的超声导波群速度；观测数据向量 $\boldsymbol{Z}$ 包含了采用连续小波变换获得的所有其他传感器与主传感器之间的声发射信号到达时差。

由于声发射源位置为一个时不变的量，因此描述状态变量向量 $\boldsymbol{X}$ 演变过程的系统方程(5.1)可改写为

$$\boldsymbol{X}_k = \boldsymbol{X}_{k-1} + \boldsymbol{\omega}_{k-1} \tag{5.35}$$

式中，$\boldsymbol{\omega}$ 是为了便于粒子滤波实施而人为添加的系统噪声。

对于测量数据，在每个迭代步，观测向量 $\boldsymbol{Z}_k$ 都与 $\boldsymbol{Z}$ 相同。采用观测方程将测量向量与状态变量向量 $\boldsymbol{X}_k$ 联系起来，其形式与式(5.2)相同。测量方程中的非线性函数 h 将声发射源位置和超声导波波速映射为时差数据，可以由式(5.33)描述的理论时差改造获得。由此，可以采用粒子滤波根据测量数据对状态变量向量进行迭代估计。

5.3.3 实验研究结果

为了验证基于粒子滤波的声发射定位方法的有效性，对一加筋铝合金板结构进行了一系列实验研究。如图 5.3 所示，在左右两条筋条之间尺寸为 300 mm×

400 mm 的区域,布置了由 8 个压电元件组成的传感器网络,传感器的编号分别为 S1～S8(在后续实验中 S1 和 S8 失效,所以仅用余下的 6 个传感器采集声发射信号并对其进行定位)。在铝合金板中央设置坐标系原点,传感器中心的坐标值如下:S2(0, -200)、S3(150, -200)、S4(150, 0)、S6(0, 200)、S7(-150, 200)、S8(-150, 0)。这些传感器都连接到了美国国家仪器公司生产的 PXI-5105 数字化仪用于监测声发射事件并采集声发射信号。实验中,采用铅芯断裂的方式来模拟声发射事件。在五个不同位置进行了五组铅芯断裂实验,分别命名为 PLB_1～PLB_5,其坐标位置如下:PLB_1(0, 0)、PLB_2(100, -50)、PLB_3(50, 100)、PLB_4(-100, 100)、PLB_5(-100, -150)。将传感器 S4 设置为主传感器,其触发阈值设为 0.1 V。当传感器 S4 中的信号超过触发阈值时,认为发生声发射事件,所有传感器同时进入数据采集模式,将声发射事件发出的声发射信号记录下来。在实验中,为了尽可能采集完整的声发射信号,将数字化仪每个通道的采样频率设为 10 MHz。

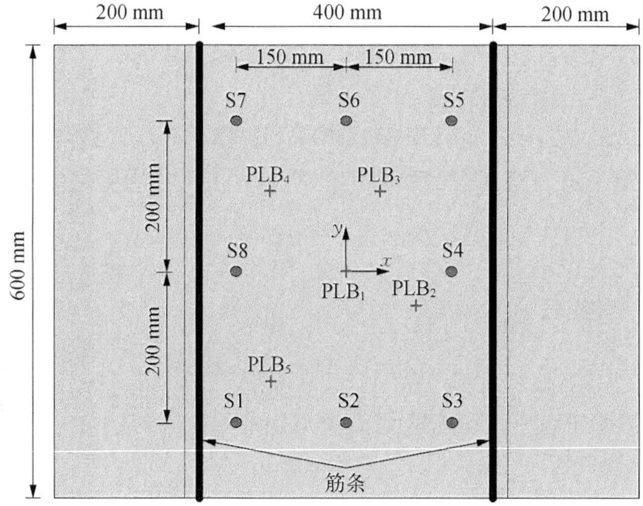

图 5.3　实验结构与传感器和声发射源位置示意图

图 5.4(a)所示为所有有效传感器获得的声发射事件 PLB_1 发出的声发射信号。采用 Morlet 小波函数作为母函数对声发射信号进行连续小波变换,可以在不同频率上提取出声发射信号的到达时刻。如图 5.4(b)所示为在 20 kHz 这个频率处,每个声发射信号小波变换系数幅值的分布。从图上可以看出,小波变换系数幅值的第一个峰值对应在该频率上声发射信号的到达时刻。从图上可以确定每个声发射信号的到达时刻,并将之与主传感器获得的声发射信号的到达时刻相减,获得时差数据在表 5.1 中列出。

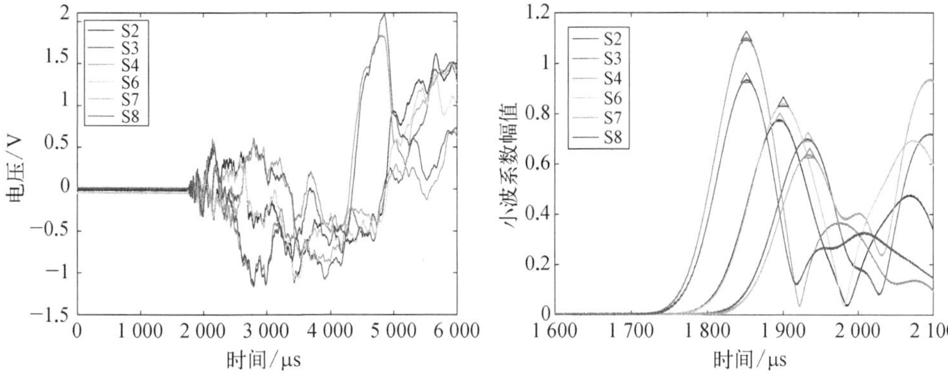

(a) 时域信号　　　　(b) 连续小波变换幅值

图 5.4　声发射事件 PLB_1 的声发射信号

表 5.1　连续小波变换获得的 20 kHz 处声发射信号到达时差　　（单位：μs）

	t_{24}	t_{34}	t_{64}	t_{74}	t_{84}
PLB_1	43.7	82.0	47.8	84.1	-1.0
PLB_2	100.9	84.4	179.5	245.8	159.3
PLB_3	147.4	152.2	-21.1	74.4	71.9
PLB_4	40.0	106.3	-115.9	-144.9	-138.4
PLB_5	-154.0	-36.0	65.8	67.5	-106.9

结合时差数据，采用粒子滤波对声发射源位置和波速进行估计。对于状态变量的初值，采用均匀分布生成，即声发射源中心的横、纵坐标分别均匀分布在[-150, 150] mm 和[-200, 200] mm 的范围，而波速则均匀分布在[0, 2 000] m/s 的范围。粒子的个数设为 1 000，过程噪声向量 $\boldsymbol{\omega}$ 的每个元素的标准差设为先验值的 1%，而测量噪声向量 $\boldsymbol{v}$ 的每个元素则在每个迭代步进行更新。图 5.5 所示为采用 20 kHz 处声发射信号的到达时差数据对声发射事件 PLB_1 进行定位的结果，其中图 5.5(a) 所示为粒子中位置参数的初始分布和迭代 50 次后的最终分布，图 5.5(b)、(c) 所示为对应识别的声发射源位置分布直方图。图 5.6 所示为对应的位置参数和波速参数均值在迭代过程中的演化曲线。从图 5.5 和 5.6 可以看出，粒子滤波成功地从较大的初始分布范围将各参数搜索至实际值附近，其均值接近于实际值，其分布可以用于对参数的不确定性分析，给出其置信范围。各个声发射源位置识别结果的均值和标准差等在表 5.2 中列出。

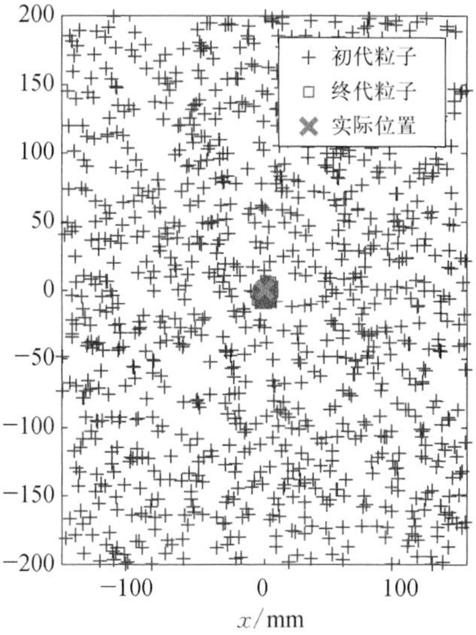

(a) 粒子滤波中位置参数的初始分布和最终分布

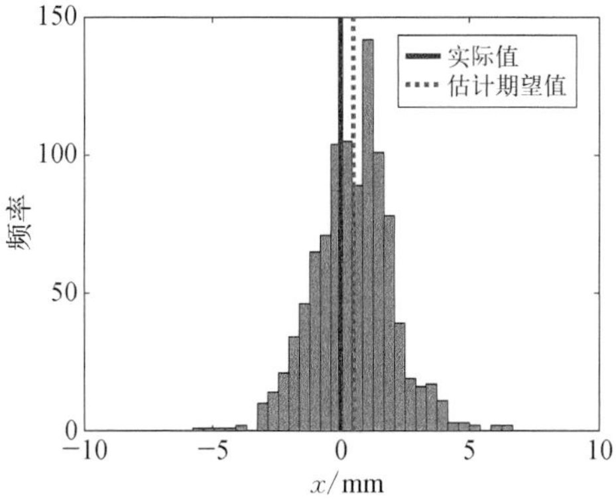

(b) 声发射源中心横坐标直方图

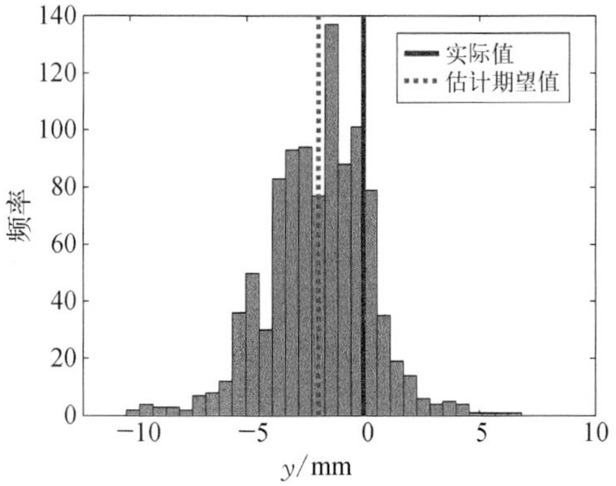

(c) 声发射源中心纵坐标直方图

图 5.5 声发射事件 PLB_1 粒子滤波定位结果

表 5.2 粒子滤波声发射源定位结果 （单位：mm）

	均值 $(\overline{x}_d, \overline{y}_d)$	标准差 (σ_x, σ_y)	误差 ε
PLB_1	(0.50, -1.94)	(1.56, 2.20)	2.00
PLB_2	(95.51, -45.61)	(3.16, 2.39)	6.28
PLB_3	(50.43, 97.97)	(2.43, 2.91)	2.08
PLB_4	(-103.18, 103.93)	(0.95, 1.05)	5.06
PLB_5	(-88.51, -148.67)	(2.60, 3.64)	11.57

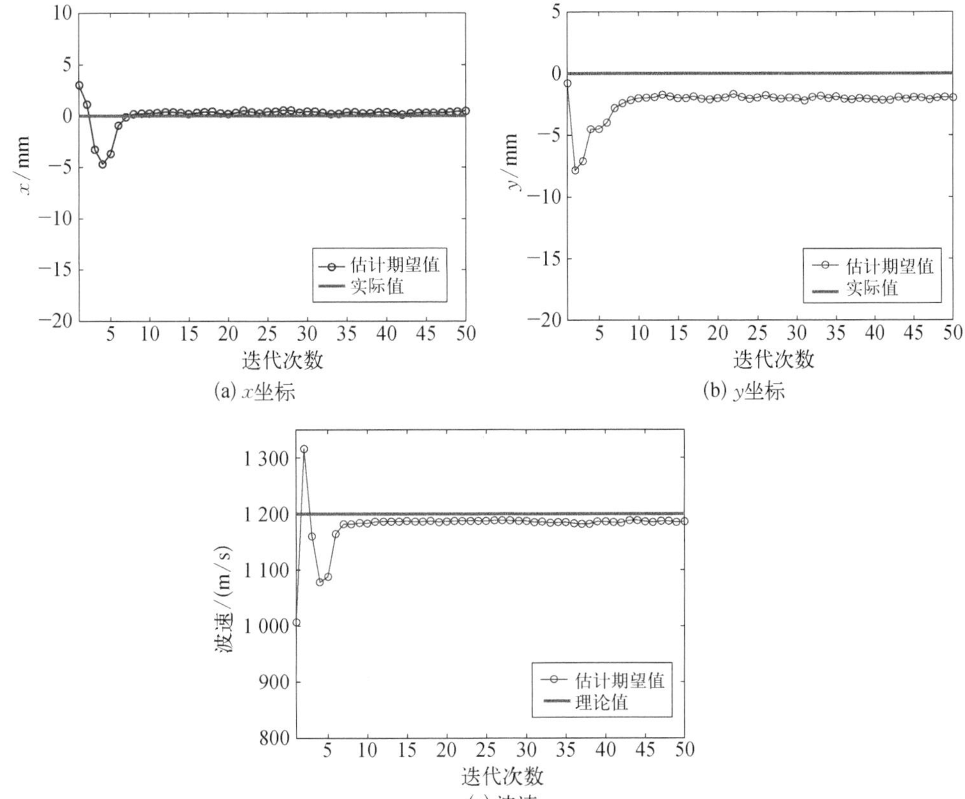

(a) x坐标　　(b) y坐标

(c) 波速

图 5.6　声发射事件 PLB_1 粒子滤波均值迭代过程

对于其他的四个声发射事件 $PLB_2 \sim PLB_5$ 可以得到类似的结果。图 5.7 所示为这四个声发射事件对应的声发射信号。对这些声发射信号进行连续小波变换，可以在不同频率上提取出声发射信号的到达时刻。图 5.8 所示为在 20 kHz 这个频率处，每个声发射事件发出的声发射信号的小波变换系数幅值的分布。从图上可以看出，小波变换系数幅值的第一个峰值对应于在该频率上声发射信号的到达时刻。从图上可以确定每个声发射信号的到达时刻，并将之与主传感器获得的声发射信号的到达时刻进行相减，获得的时差数据也在表 5.1 中列出。图 5.9 所示为粒子滤波迭代 50 次后对声发射位置的识别结果，可以看出，所有粒子都分布在实际声发射源位置的附近。对其进行统计分析，可以识别得到声发射源位置以及波速的均值和标准差，都在表 5.2 中列出。从以上结果可以看出，将声发射源定位问题归结为准动态系统的贝叶斯状态估计问题，采用粒子滤波进行求解，可以成功地考虑不确定性因素的影响，估计出各个未知参数的均值及其分布，实现声发射源的定位。利用小波变换的时频特性，还可以在其他频率上获取声发射信号的到达时差数据，进行识别定位后，可以将所有频率上的结果进行融合，提高识别结果的精度和可靠度，在此不再赘述。

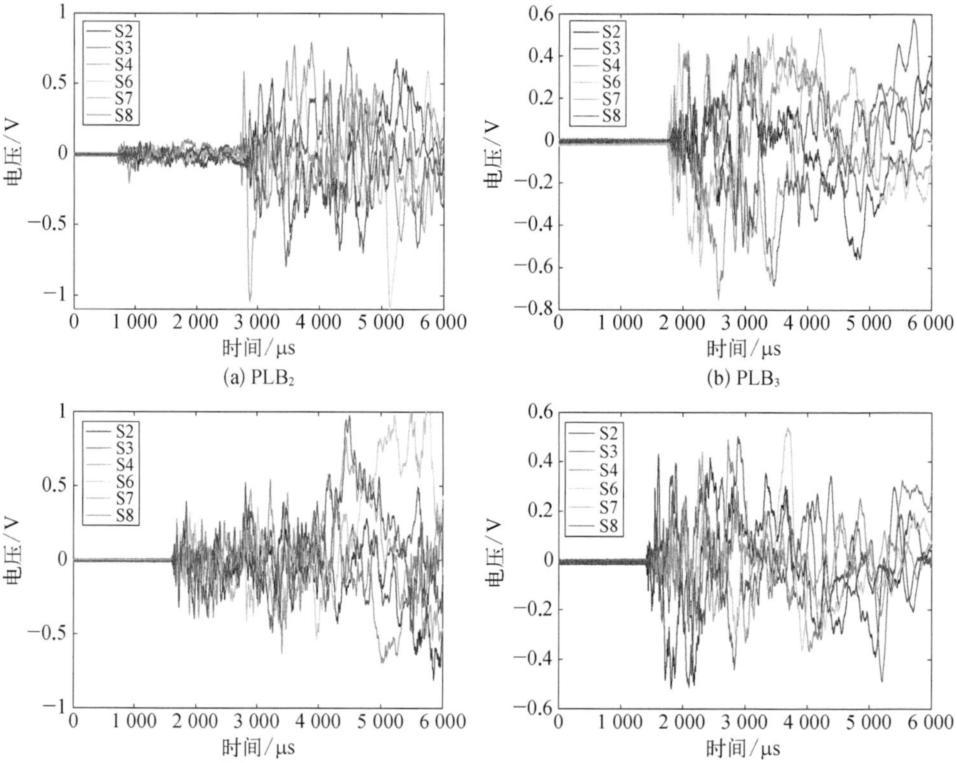

(a) PLB_2　(b) PLB_3　(c) PLB_4　(d) PLB_5

图 5.7　声发射事件 $PLB_2 \sim PLB_5$ 的声发射信号

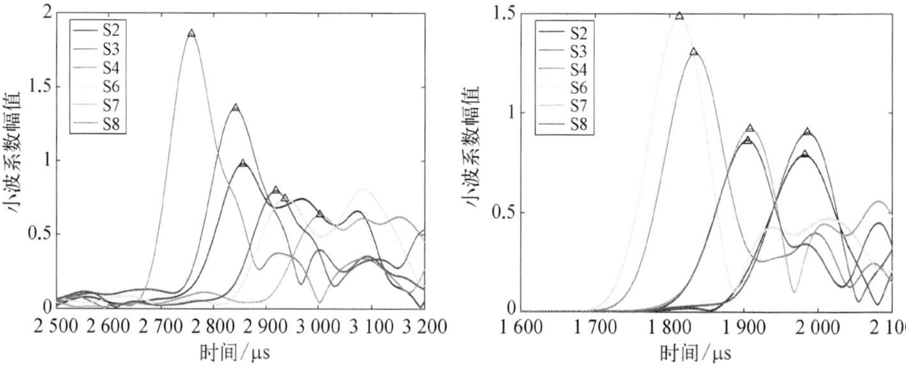

(a) PLB_2　(b) PLB_3

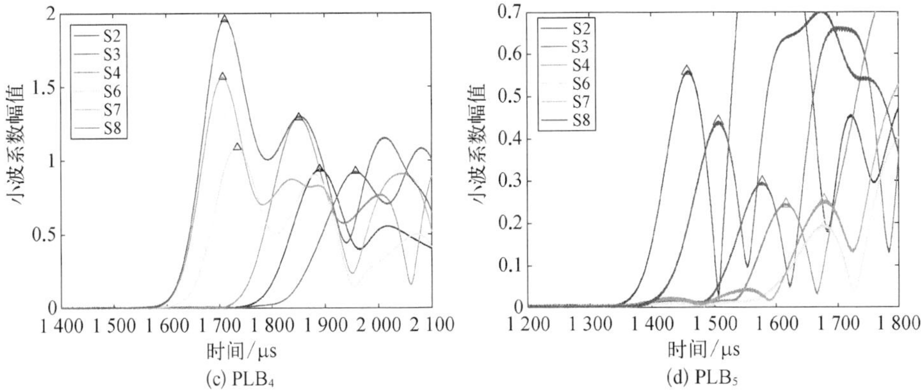

图 5.8　声发射事件 $PLB_2 \sim PLB_5$ 的声发射信号连续小波变换幅值

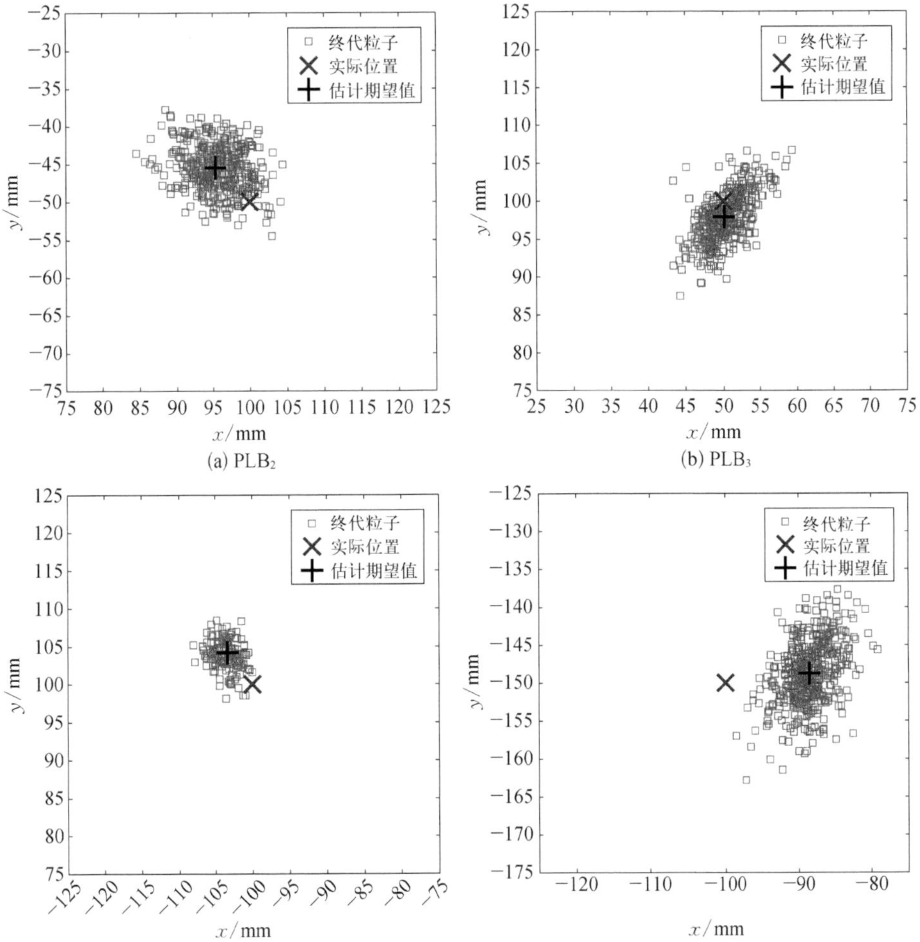

图 5.9　声发射事件 $PLB_2 \sim PLB_5$ 的粒子滤波定位结果

5.4　基于粒子滤波的疲劳裂纹扩展在线预测

5.4.1　裂纹疲劳扩展在线预测原理

在长期的交变载荷作用下，结构不可避免地会在应力集中部位产生疲劳裂纹。如果这些疲劳裂纹不能被及时发现而任其扩展，将引起结构失效等严重后果。在过去几十年中，基于断裂力学的分析方法在结构疲劳裂纹扩展和剩余寿命预测方面发挥了重要作用。但传统方法大多是离线预测方法，由一定数量试验事先确定的预测模型参数具有很强的分散性，使得结构设计较为保守。近年来结构健康监测领域的研究进展已开始为对单个结构进行在线疲劳裂纹扩展预测和剩余寿命评估提供可能性，这对充分发挥结构的使用寿命具有重要意义。

目前发展的结构疲劳裂纹扩展和剩余寿命在线预测方法主要可分为基于数据的方法和基于模型的方法。前者通过试验获得的大量数据来训练建立疲劳裂纹现有状态与未来状态之间的关系；后者大多采用传统疲劳裂纹扩展预测的模型，将其改进以满足在线预测的需要。由于材料微观结构的不同、疲劳损伤累积的随机性、试验载荷谱与实际载荷谱的差异等因素的存在，加上当前发展水平的制约，与现有无损检测技术相比，结构健康监测系统识别的裂纹信息还存在较大的误差，如何考虑这些不确定性因素的影响是在线预测面临的一个重要问题。贝叶斯概率统计理论由于承认生产实践的继承性，可以将对结构的认识以及维护人员经验等相关信息利用作为先验知识参与决策，从而在结构疲劳断裂研究方面体现出其特有的处理不确定性问题的优越性。在基于模型的方法中，采用贝叶斯理论不仅能根据健康监测系统定时识别的裂纹数据并对不同疲劳扩展模型进行最优选择，还能对模型参数进行更新，减小模型参数的不确定性，提高预测结果的准确度。在贝叶斯理论的框架中，粒子滤波是处理非线性、非高斯系统问题的有效方法，近年来在很多领域都得到了广泛应用，在疲劳裂纹扩展在线预测方面具有重要的应用前景。已有研究者采用粒子滤波对齿轮盘有限元模型中的裂纹扩展进行预测，并探讨应用粒子滤波对随机载荷作用下裂纹扩展进行预测的可行性。这些研究都表明了粒子滤波在疲劳裂纹扩展和剩余寿命预测方面的重要应用价值，但还都处于初步研究阶段，且大多集中在粒子滤波的算法部分，验证数据主要来源于数值仿真，而少有实验验证。

本节介绍一种基于粒子滤波的方法，将疲劳裂纹扩展预测嵌入贝叶斯滤波框架，对疲劳裂纹扩展和剩余使用寿命进行在线预测。同时根据美国材料实验协会测试标准，制作紧凑拉伸(CT)试件并结合疲劳测试系统，对疲劳裂纹扩展和剩余寿命在线预测进行实验研究，利用裂纹张开位移(COD)引伸计不断获得的裂纹监测信息,在线预测未来时刻疲劳裂纹扩展情况并更新剩余寿命估计结果,验证基于粒子滤波预测方法的可行性和有效性。

5.4.2　疲劳裂纹扩展和剩余寿命预测

在断裂力学中,裂纹在疲劳载荷下的扩展被分为三个阶段: 低速扩展段、稳定扩展段和快速扩展段。Paris 发现,在稳定扩展段,应力强度因子对于控制裂纹扩展速率起着最重要的作用,由此提出了著名的 Paris 公式:

$$da/dn = C(\Delta K)^m \tag{5.36}$$

其中, a 为裂纹长度; n 为疲劳载荷循环数; da/dn 为裂纹扩展速率; ΔK 为应力强度因子变程;C 和 m 是描述材料疲劳裂纹扩展性能的基本参数。对 Paris 公式两端取对数,可获得斜率为 m,与纵轴交点为 $\log C$ 的直线方程。在传统离线预测中,C 和 m 通常由试验数据进行直线拟合得到。

一旦基本参数和应力强度因子变程得到确定,Paris 公式就可用于对疲劳裂纹扩展和剩余寿命进行预测。但由于环境、材料和测量误差等因素的影响,导致试验获得的 Paris 模型参数存在很大的不确定性。因此有必要采取合适的方法来考虑不确定性因素的影响,提高预测精度和可靠性。

为满足在线预测的要求,可以将 Paris 公式嵌入贝叶斯状态估计的框架中。定义状态向量 $\boldsymbol{X} = [a \quad C \quad m]^{\mathrm{T}}$, 测量量 $\boldsymbol{Z}$ 为由 COD 引伸计的裂纹张开位移通过柔度法转换得到的裂纹长度。假设在 $k-1$ 时刻,由粒子滤波、裂纹长度 a 以及模型参数 C 和 m 的概率密度 $p(a_{k-1})$、$p(C_{k-1})$ 和 $p(m_{k-1})$ 的离散估计已知,即存在 a、C 和 m 的概率密度的 n_s 个抽样样本。将 Paris 公式改写为离散形式:

$$a_k = a_{k-1} + C(\Delta K)^m \Delta n_k \tag{5.37}$$

通过式(5.27),便可以计算 k 时刻裂纹长度先验概率密度的离散估计:

$$p(a_k \mid a_{k-1}, C_{k-1}, m_{k-1}) = \sum_{i=1}^{n_s} w_{k-1}^i \delta(a_k - a_k^i) \tag{5.38}$$

其中,

$$a_k^i = a_{k-1}^i + C_{k-1}^i [\Delta K(a_{k-1}^i)]^{m_{k-1}^i} \Delta n_k \quad (i = 1, 2, \cdots, n_s) \tag{5.39}$$

对于模型参数 C 和 m,则采用如下的随机游动策略来获得其在 k 时刻的离散估计:

$$\begin{cases} C_k^i = C_{k-1}^i + \eta_c^i \\ m_k^i = m_{k-1}^i + \eta_m^i \end{cases} \quad (i = 1, 2, \cdots, n_s) \tag{5.40}$$

其中，η_c 和 η_m 是均值为 0、方差为 σ_{η_c} 和 σ_{η_m} 的随机变量。

当获得 k 时刻裂纹长度的观测值 $\boldsymbol{Z}_k$ 后，通过似然函数更新每个粒子的权值，该权值衡量了该粒子接近真实参数的程度。似然函数可取对数正态分布：

$$p(\boldsymbol{Z}_k \mid \boldsymbol{X}_k^i) = \frac{1}{\boldsymbol{Z}_k \sqrt{2\pi}\, \varsigma_k^i} \exp\left[-\frac{1}{2}\left(\frac{\ln \boldsymbol{Z}_k - \boldsymbol{\lambda}_k^i}{\varsigma_k^i} \right)^2 \right] \qquad (i = 1,\ 2,\ \cdots,\ n_s) \tag{5.41}$$

其中，$\varsigma_k^i = \sqrt{\ln\{1 + [\rho / a_k^i(m_{k-1}^i,\ C_{k-1}^i)]\}^2}$，$\rho$ 为裂纹长度测量误差的标准差；$\boldsymbol{\lambda}_k^i = \ln[a_k^i(m_{k-1}^i,\ C_{k-1}^i)] - 1/2(\varsigma_k^i)^2$。

接下来对粒子进行重采样，每个粒子被采样的概率正比于其权值。重采样完成后，便获得了 k 时刻模型参数以及裂纹长度的后验概率分布 $p(a_k,\ C_k,\ m_k \mid Z_k)$ 的离散估计。同时，将疲劳裂纹由当前状态发展到临界长度的载荷循环数，定义为结构的剩余寿命，由裂纹长度的概率密度分布就可估算结构剩余寿命分布。

5.4.3　实验研究结果

为了验证应用粒子滤波对结构疲劳裂纹扩展和剩余寿命进行在线预测的可行性和有效性，根据美国材料实验协会标准制作了 CT 试件进行了实验研究。如图 5.10 所示，试件材料为 Q235 钢，厚度为 20 mm。采用美国 MTS 公司的疲劳测试系

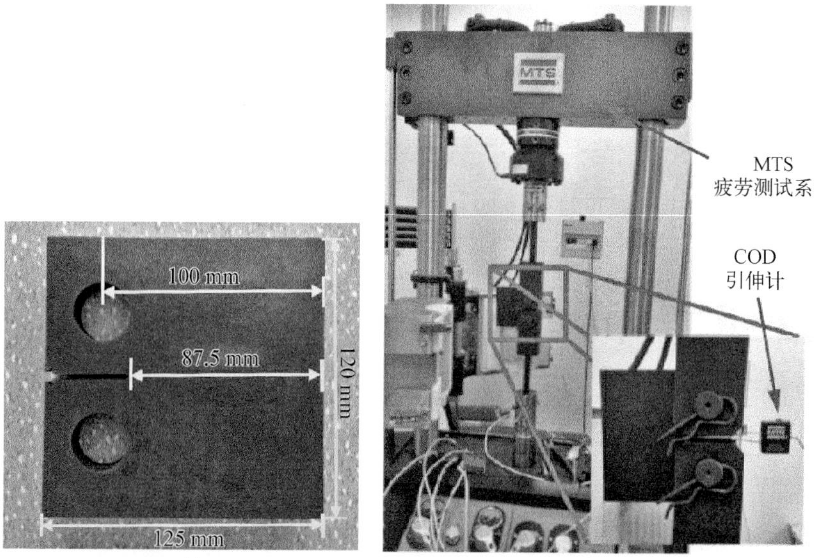

(a)　　(b)

图 5.10　实验试件与实验系统

统 LandMark370.10 进行了疲劳裂纹扩展实验。在实验中,在 CT 试验件缺口安装了美国 MTS 公司的 632.02F 型 COD 引伸计,在线监测试验件缺口张开位移,采用柔度法计算疲劳裂纹的长度作为测量信息。

实验共采用了 4 个 CT 试验件,分别命名为 CT_1、CT_2、CT_3 和 CT_4,其中 CT_2、CT_3 和 CT_4 的测试数据为离线预测和在线预测提供先验知识,CT_1 的测试数据用于验证预测结果。根据标准,首先对试件施加恒幅交变载荷预制疲劳裂纹,最大载荷为 32.8 kN,应力比为 0.1,加载频率为 5 Hz。当 COD 引伸计测量的预制疲劳裂纹达长度达到 16 mm 左右(含预制缺口长度)时,开始正式疲劳裂纹扩展实验。正式试验中,CT_1 的最大载荷为 32.8 kN,CT_2、CT_3 和 CT_4 的最大载荷为 36 kN, 应力比均为 0.1,加载频率均为 5 Hz。图 5.11(a)所示为实验过程中 COD 引伸计通过柔度法测量得到的疲劳裂纹扩展曲线。假设临界裂纹长度为

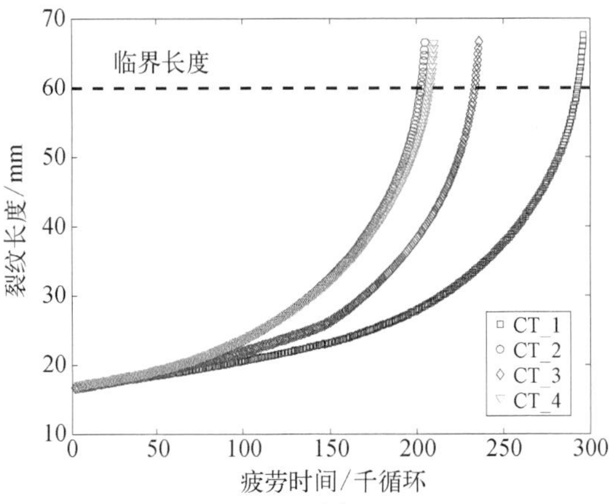

(a)

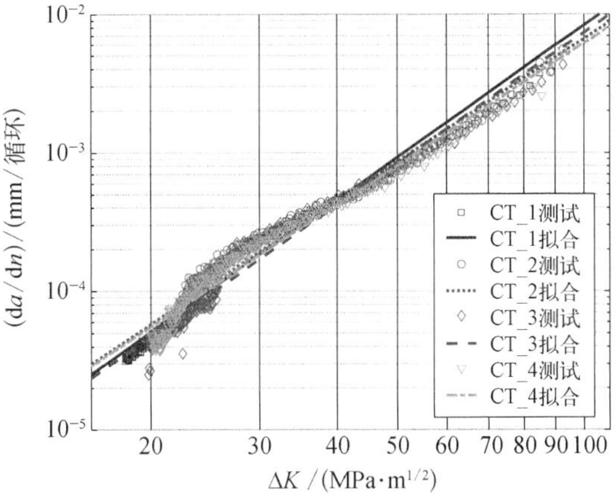

(b)

图 5.11　疲劳裂纹扩展曲线与 $da/dn-\Delta K$ 双对数坐标图

60 mm,各试件的疲劳寿命如表 5.3 所示。为获得裂纹扩展速率,根据标准,由裂纹扩展数据处理得到裂纹扩展速率和应力强度因子变程 $da/dn-\Delta K$ 曲线图,并进行了直线拟合,如图 5.11(b)所示。由拟合直线确定各试件的参数 m 和 $\log C$ 的值,如表 5.4 所示。

表 5.3 各试件到达临界长度的疲劳寿命

试件编号	CT_1	CT_2	CT_3	CT_4
疲劳寿命($\times10^3$ 载荷循环)	292.9	202.7	233.2	207.4

表 5.4 各试件裂纹扩展数据拟合获得的参数值

试件编号	CT_1	CT_2	CT_3	CT_4
参数 m	3.165	2.946	3.132	2.923
参数 $\log C$	−19.363	−18.578	−19.335	−18.554

由图 5.11(b)和表 5.4 可看出,部分测量数据偏离拟合直线,拟合的直线存在一定的不确定性,各试件的拟合参数也有分散性。为考虑不确定性,假设 $\log C$ 和 m 服从正态分布 $N(\mu, \sigma^2)$。对表 5.4 所示的拟合参数进行统计分析并考虑样本数量的限制,假设 $\log C$ 服从 $N(-18.958, 0.226)$,m 服从 $N(3.042, 0.062)$。

采用蒙特卡罗法,从初始裂纹长度以及模型参数的分布中随机抽取 1 000 个样本,由式(5.37)对疲劳裂纹扩展进行离线预测,预测结果如图 5.12(a)所示。对蒙特卡罗法计算的结果进行统计分析,获得其中值及 99% 置信区间,也在图 5.12(a)上标出。对疲劳裂纹扩展曲线进行分析,以到达临界裂纹尺寸对应的载荷循环作为剩余寿命,得到剩余寿命的预测结果,如图 5.12(b)所示。离线预测的中值剩余寿命为 286.2×10^3 载荷循环,与实际剩余使用寿命的误差为 6.7×10^3 载荷循环,占

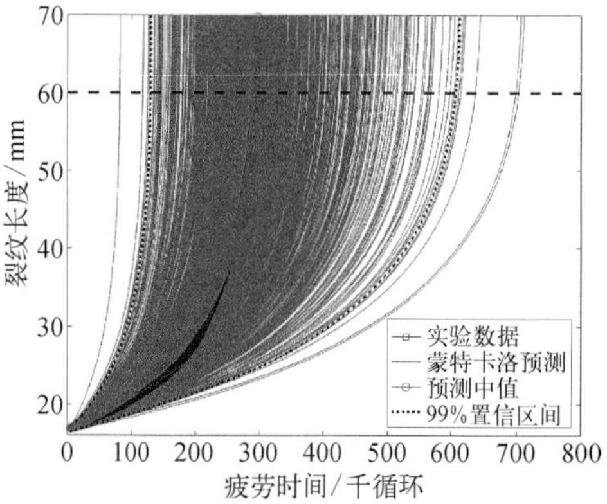

(a)

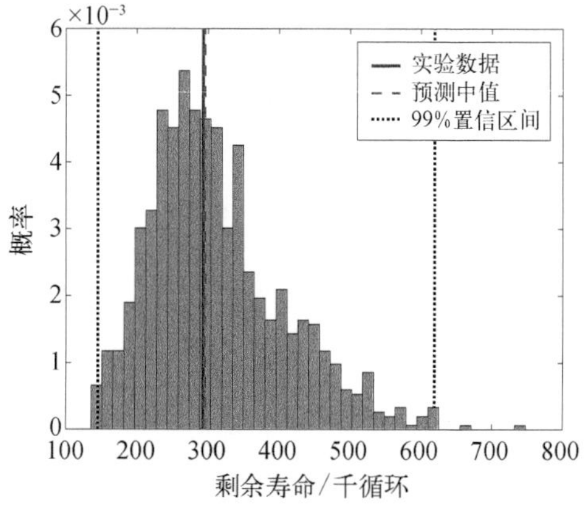

(b)

图 5.12 离线预测的疲劳裂纹扩展曲线与剩余寿命

实际使用寿命的 2.3%。但从图 5.12 可以看出，由于模型参数的误差以及测量噪声的影响，离线预测存在很大的不确定性，其 99%置信区间的上下限分别为 130.6×10^3 载荷循环和 607.3×10^3 载荷循环，宽度为 476.7×10^3 载荷循环。如为安全考虑，以下限值作为设计值，则过于保守，材料疲劳断裂性能裕度明显偏大。

接下来采用粒子滤波进行在线预测。粒子的个数 n_s 设为 3 000，载荷循环的间隔 Δn 设为 1 000，然后由式(5.37)~式(5.41)，采用粒子滤波算法从初始裂纹以及模型参数的初始分布中随机抽取 3 000 个样本，结合 COD 引伸计测量获得的裂纹长度信息，在线预测疲劳裂纹扩展，并更新剩余寿命。图 5.13(a)所示为 40×10^3 载荷循环时粒子滤波在线预测的裂纹扩展结果，对结果进行统计分析，获得其中值及 99%置信区间，也在图 5.13(a)上标出。对疲劳裂纹扩展曲线进行分析，得到剩余寿命的预测结果，如图 5.13(b)所示。预测结果的中值和 99%置信区间也在表 5.5 中列出。图 5.14 和图 5.15 所示分别为 120×10^3 载荷循环和 200×10^3 载荷循

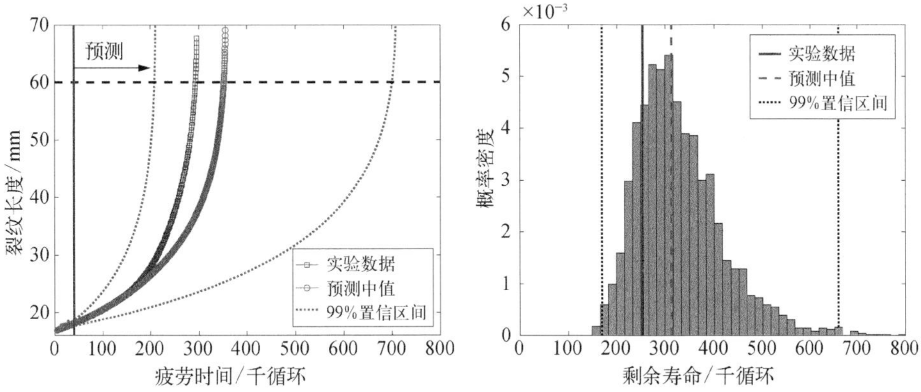

(a)　(b)

图 5.13　40×10^3 载荷循环时在线预测的疲劳裂纹扩展曲线和剩余寿命

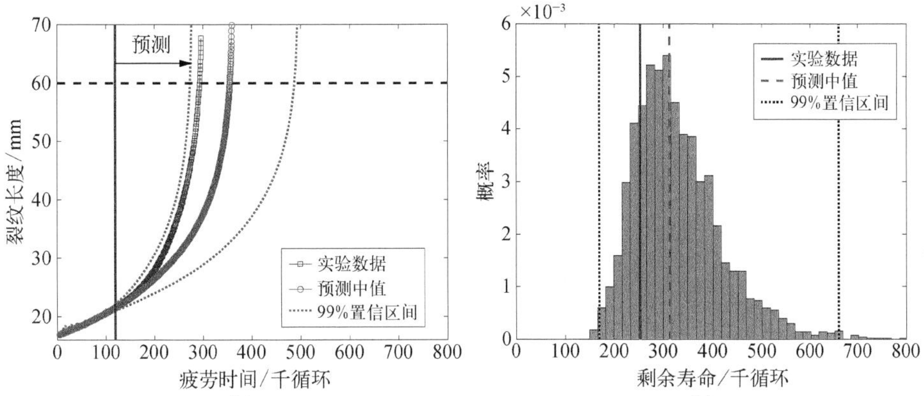

(a)　(b)

图 5.14　120×10^3 载荷循环时在线预测的疲劳裂纹扩展曲线和剩余寿命

环时粒子滤波在线预测的裂纹扩展和剩余寿命结果。图 5.16 所示为每隔 40×10^3 载荷循环的粒子滤波在线预测剩余寿命的结果与实际剩余使用寿命的比较，离线预测的结果也在图中标出。由图 5.13～图 5.16 和表 5.5 可以看出，当裂纹长度的测量信息较少时，由于模型误差的存在，疲劳裂纹扩展和剩余寿命的在线预测具有很大的误差和不确定性；但随着裂纹长度测量信息的增多，疲劳裂纹扩展和剩余寿命的预测精度不断提高，不确定性不断减小，表明了粒子滤波对疲劳裂纹扩展和剩余寿命在线预测的可行性和有效性。

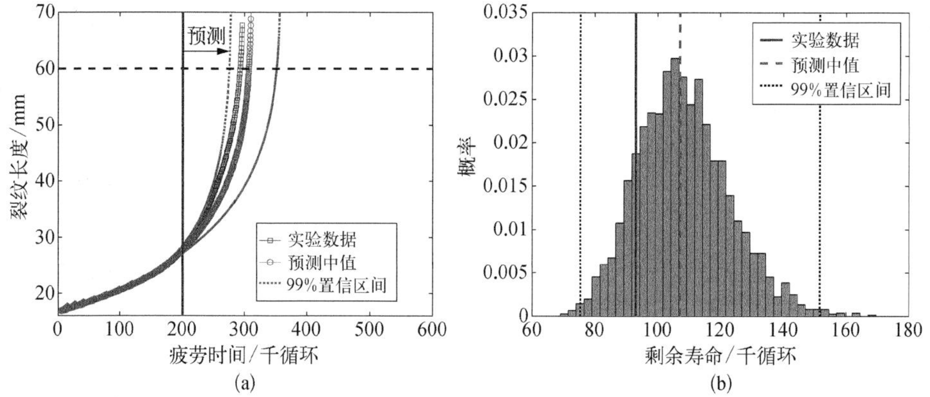

图 5.15　200×10^3 载荷循环时在线预测的疲劳裂纹扩展曲线和剩余寿命

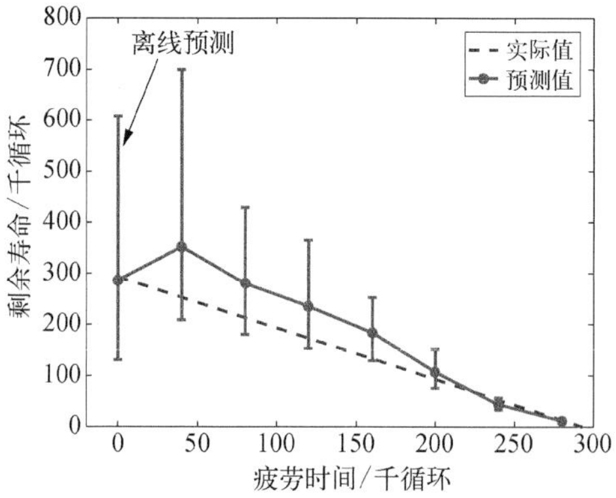

图 5.16　离线与在线预测结果比较图

表 5.5　不同载荷循环时剩余寿命在线预测结果

载荷循环($\times10^3$ 载荷循环)	40	80	120	160	200	240	280
剩余寿命中值($\times10^3$ 载荷循环)	352.3	280.2	235.6	183.3	107.1	43.2	11.3
剩余寿命 99%置信区间($\times10^3$ 载荷循环)	[208.7, 699.9]	[179.8, 429.5]	[152.8, 365.2]	[128.9, 252.9]	[75.4, 151.5]	[32.6, 56.9]	[8.9, 14.7]

第六章　贝叶斯正则化及应用

在结构损伤识别中，很多问题从数学上可以归纳为线性反问题。但由于存在建模误差、测量误差、未知量大于已知量等原因，这些线性反问题是病态不适定的，存在解的存在性、唯一性和稳定性的满足问题。对于解的存在性和唯一性问题，通过适当的数学方法可以解决；对于稳定性问题，最普遍的方法是应用各种正则化方法，采用与原问题邻近的适定问题的次优解去逼近原问题的解。

在线性反问题的求解中，已经发展了很多正则化方法，如截断奇异值分解正则化、截断最小二乘正则化、吉洪诺夫正则化等。特别是吉洪诺夫正则化，是至今最具有普遍性、在理论上最完备且行之有效的正则化方法，在各个领域的线性反问题研究中被广泛地应用。在正则化方法中，正则化参数的选取起着关键的作用，其选择是否适当直接影响正则化解的效果。当正则化参数选取不恰当，求出的解与真实解偏差较大。为了解决正则化参数的选取问题，研究者们已经提出了一些方法，如 L 曲线法、S 曲线法和一般交叉验证法等。但这些方法或者是经验性的，或者需要预先知道误差水平，或者需要在一定范围内穷举正则化参数，利用目标函数曲线的特点（如拐点）来确定正则化参数，具有计算量大、选取的正则化参数不一定最优等不足。近年来，在贝叶斯统计推断的理论框架下，研究者发展出了一种贝叶斯正则化方法（又称为增广的吉洪诺夫正则化方法），能根据测量数据自适应地确定正则化参数，获得较为准确的正则化解，在不适定线性反问题的求解方面具有良好的应用前景。

本章首先介绍采用吉洪诺夫正则化求解线性反问题的基本原理，然后从贝叶斯统计推断的角度对线性反问题进行正则化，自适应地获得正则化参数和正则化解，最后结合复合材料结构冲击载荷识别和碳纳米管薄膜电阻抗成像损伤识别两个例子，演示贝叶斯正则化在结构健康监测中的应用。

6.1　吉洪诺夫正则化原理

反问题通常是指以非直接测量的手段，结合一定的物理定律和数学模型，求得描述一个物理系统性质的参数。实际应用中的很多反问题可以线性化为

$$\boldsymbol{AX} = \boldsymbol{b} \tag{6.1}$$

其中，$\boldsymbol{b}$、$\boldsymbol{X}$、$\boldsymbol{A}$ 分别为观测数据向量、未知参数向量以及系统矩阵。系统矩阵 $\boldsymbol{A}$ 包含了物理系统的规律，描述了观测数据 $\boldsymbol{b}$ 与未知参数 $\boldsymbol{X}$ 之间的关系。

式(6.1)描述的是物理系统理论模型，由该模型精确的参数值 $\boldsymbol{X}^*$ 可以获得理论上精确的观测数据 $\boldsymbol{b}^* = \boldsymbol{A}\boldsymbol{X}^*$。但在实际应用中，由于测量噪声等原因，观测向量会有扰动和偏差，可以采用独立同分布的正态随机变量向量 $\boldsymbol{\omega}$ 来描述这些扰动和偏差，其每个分量的均值为零，方差为 s^2，则有

$$\boldsymbol{b} = \boldsymbol{b}^* + \boldsymbol{\omega} \tag{6.2}$$

同时由于存在建模误差（如在线性化过程中忽略了实际问题中的非线性因素，或将实际问题的无限自由度线性系统离散为有限自由度线性系统），系统矩阵 $\boldsymbol{A}$ 中含有很多接近于零的奇异值，导致其具有很大的条件数。考虑到矩阵不是奇异的，可以采用下式对未知参数向量进行求解：

$$\widehat{\boldsymbol{X}} = (\boldsymbol{A}^{\mathrm{T}}\boldsymbol{A})^{-1}\boldsymbol{A}^{\mathrm{T}}\boldsymbol{b} \tag{6.3}$$

但由于反问题不适定的本质，$\widehat{\boldsymbol{X}}$ 经常有很大的振荡性，与实际值相差甚远或不具备物理意义。

为了解决这个问题，苏联数学家 Andrey Tikhonov 提出了求解这一类不适定反问题的经典正则化方法，即吉洪诺夫正则化。将式(6.1)的问题转化为求如下吉洪诺夫泛函取最小值的解 $\widehat{\boldsymbol{X}}_h$ 作为 $\boldsymbol{X}$ 的近似解：

$$J_h(\boldsymbol{X}) = \| \boldsymbol{AX} - \boldsymbol{b} \|_2^2 + \eta \| \boldsymbol{LX} \|_2^2 \tag{6.4}$$

式中，$\| \boldsymbol{AX} - \boldsymbol{b} \|_2^2$ 为残差范数；$\| \boldsymbol{LX} \|_2^2$ 为解的正则化范数；η 是一个非负的常数，称为正则化参数；$\boldsymbol{L}$ 为正则化矩阵，通常取单位矩阵。正则化范数能有效地抑制原不适定问题解的振荡性，以获得稳定有界的解。

式(6.4)的等价形式是

$$J_h(\boldsymbol{X}) = \boldsymbol{X}^{\mathrm{T}}(\boldsymbol{A}^{\mathrm{T}}\boldsymbol{A} + \eta\boldsymbol{L}^{\mathrm{T}}\boldsymbol{L})\boldsymbol{X} - 2\boldsymbol{b}^{\mathrm{T}}\boldsymbol{AX} + \boldsymbol{b}^{\mathrm{T}}\boldsymbol{b} \tag{6.5}$$

应用函数导数为零的条件可得式(6.5)的最小二乘解表达式为

$$\widehat{\boldsymbol{X}}_h = (\boldsymbol{A}^{\mathrm{T}}\boldsymbol{A} + \eta\boldsymbol{L}^{\mathrm{T}}\boldsymbol{L})^{-1}\boldsymbol{A}^{\mathrm{T}}\boldsymbol{b} \tag{6.6}$$

吉洪诺夫正则化较好地解决了不适定问题解的稳定性问题，但正则化参数的选择对正则化解具有很大的影响。从式(6.4)可以看出，正则化参数 η 控制了残差范数 $\| \boldsymbol{AX} - \boldsymbol{b} \|_2^2$ 和解的正则化范数 $\| \boldsymbol{LX} \|_2^2$ 之间的相对大小。为了更好地近似原问题，η 的值应该越小越好；但为了得到更好的数值稳定性，η 的值应该越大越好，因此如何优化地选择正则化参数的值是吉洪诺夫正则化研究的一个重要内容。

6.2　贝叶斯正则化原理

Jin 和 Zou(2009,2008)的研究表明,从贝叶斯统计推断的角度,也可以得到类似吉洪诺夫正则化的解,可以称之为贝叶斯正则化或增广的吉洪诺夫正则化。

定义 $p(\boldsymbol{X})$ 为未知向量 $\boldsymbol{X}$ 的先验概率密度, $p(\boldsymbol{b} \mid \boldsymbol{X})$ 是在未知向量 $\boldsymbol{X}$ 的条件下获得观测向量 $\boldsymbol{b}$ 的概率分布,称为似然函数。由贝叶斯公式可得在取得观测向量 $\boldsymbol{b}$ 的条件下未知向量 $\boldsymbol{X}$ 的后验概率密度 $p(\boldsymbol{X} \mid \boldsymbol{b})$ 为

$$p(\boldsymbol{X} \mid \boldsymbol{b}) = \frac{p(\boldsymbol{b} \mid \boldsymbol{X})p(\boldsymbol{X})}{p(\boldsymbol{b})} \propto p(\boldsymbol{b} \mid \boldsymbol{X})p(\boldsymbol{X}) \tag{6.7}$$

由前几章内容可知,式(6.7)中边缘似然(又称证据) $p(\boldsymbol{b})$ 是一常数,不会影响 $\boldsymbol{X}$ 的后验概率分布形态,所以可以不考虑。

假设在先验知识中认为未知参数向量 $\boldsymbol{X}$ 的每一个分量是独立同分布的正态随机变量,则向量 $\boldsymbol{X}$ 的先验概率密度 $p(\boldsymbol{X})$ 可假设为

$$p(\boldsymbol{X}) \propto \frac{1}{\lambda^m}\exp\left(-\frac{1}{2\lambda^2}\|\boldsymbol{X}\|_2^2\right) \tag{6.8}$$

其中, λ 是一个用于表征 $\boldsymbol{X}$ 变化的尺度系数; m 是向量 $\boldsymbol{X}$ 的维度。

而对于似然函数,由式(6.2)假设观测误差 $\boldsymbol{\omega}$ 的每一个分量是独立同分布的随机变量,且服从均值为零,方差为 τ^2 的正态分布 $N(0,\ \tau^2)$,可以得到观测误差向量 $\boldsymbol{\omega}$ 服从 n 维(n 为观测向量 $\boldsymbol{b}$ 所含元素的个数)正态分布 $N(0,\ \tau^2\boldsymbol{I})$ ($\boldsymbol{I}$ 为 n 维单位矩阵),即

$$p(\boldsymbol{\omega}) \propto \frac{1}{\tau^n}\exp\left(-\frac{1}{2\tau^2}\|\boldsymbol{\omega}\|_2^2\right) \tag{6.9}$$

从而观测向量 $\boldsymbol{b}$ 也是随机变量,且服从 n 维正态分布 $N(\boldsymbol{AX},\ \tau^2\boldsymbol{I})$,即

$$p(\boldsymbol{b} \mid \boldsymbol{X}) \propto \frac{1}{\tau^n}\exp\left(-\frac{1}{2\tau^2}\|\boldsymbol{AX}-\boldsymbol{b}\|_2^2\right) \tag{6.10}$$

因此,将式(6.8)和式(6.10)代入式(6.7)可得

$$p(\boldsymbol{X} \mid \boldsymbol{b}) \propto \frac{1}{\tau^n\lambda^m}\exp\left(-\frac{1}{2\tau^2}\|\boldsymbol{AX}-\boldsymbol{b}\|_2^2\right)\exp\left(-\frac{1}{2\lambda^2}\|\boldsymbol{X}\|_2^2\right) \tag{6.11}$$

从式(6.11)可以看出,对于未知向量 $\boldsymbol{X}$ 的最大后验概率(MAP)估计解,有

$$\widehat{\boldsymbol{X}}_{\text{MAP}} = \arg\min_{\boldsymbol{X}}\left(\|\boldsymbol{AX}-\boldsymbol{b}\|_2^2 + \frac{\tau^2}{\lambda^2}\|\boldsymbol{X}\|_2^2\right) \tag{6.12}$$

将式(6.12)与式(6.4)中的吉洪诺夫泛函比较可以发现,对于线性反问题,贝叶斯统计推断获得的最大后验概率估计解等价于吉洪诺夫泛函的最优解,且正则化参数 $\eta=\tau^2/\lambda^2$。因此,如果 τ^2 和 λ^2 能够确定的话,则正则化参数 η 也能自动确定。τ^2 和 λ^2 的准确估计对正则化解有很大影响,可以将其仍然看作随机变量,且将对它们的先验知识融入先验概率密度,然后由贝叶斯统计推断根据观测数据更新获得它们的后验概率密度以及点估计和区间估计。

由分级建模的思想,式(6.7)中的贝叶斯公式可以修改为

$$p(\boldsymbol{X},\ \tau^2,\ \lambda^2 \mid \boldsymbol{b}) \propto p(\boldsymbol{b} \mid \boldsymbol{X},\ \tau^2)p(\boldsymbol{X} \mid \lambda^2)p(\tau^2)p(\lambda^2) \tag{6.13}$$

其中,$p(\boldsymbol{X},\ \tau^2,\ \lambda^2 \mid \boldsymbol{b})$ 为未知参数向量 $\boldsymbol{X}$、尺度系数 λ^2 和误差方差 τ^2 的联合后验概率密度;$p(\boldsymbol{X} \mid \lambda^2)$ 和 $p(\boldsymbol{b} \mid \boldsymbol{X},\ \tau^2)$ 分别为将 λ^2 和 τ^2 作为未知随机变量后的条件先验概率和似然函数,其表达式与式(6.8)和式(6.10)相同;$p(\lambda^2)$ 和 $p(\tau^2)$ 分别为 λ^2 和 τ^2 的先验概率密度。

根据对 λ^2 和 τ^2 的先验知识,可以采用合理的概率分布来描述 λ^2 和 τ^2 的先验概率密度。为了与式(6.8)和式(6.10)中的正态分布形成共轭分布,从而获得后验概率密度的解析表达式,可以采用伽马分布(或逆伽马分布)来描述 λ^2 和 τ^2 的先验概率密度。如采用如下的逆伽马分布:

$$p(x) \propto \frac{\beta^{\alpha}}{\Gamma(\alpha)} x^{-(\alpha+1)} \mathrm{e}^{-\beta x^{-1}} \tag{6.14}$$

其中,$\Gamma(\cdot)$ 是伽马函数;$(\alpha,\ \beta)$ 是逆伽马分布中的参数,则 λ^2 和 τ^2 的先验概率密度可表达为

$$p(\tau^2) \propto \frac{\beta_0^{\alpha_0}}{\Gamma(\alpha_0)} \tau^{-2(\alpha_0+1)} \mathrm{e}^{-\beta_0 \tau^{-2}} \tag{6.15}$$

$$p(\lambda^2) \propto \frac{\beta_1^{\alpha_1}}{\Gamma(\alpha_1)} \lambda^{-2(\alpha_1+1)} \mathrm{e}^{-\beta_1 \lambda^{-2}} \tag{6.16}$$

其中,$(\alpha_0,\ \beta_0)$ 和 $(\alpha_1,\ \beta_2)$ 分别是描述 λ^2 和 τ^2 先验概率密度的非负超参数。

将式(6.15)、式(6.16)以及式(6.8)、式(6.10)代入式(6.13),可得到后验概率密度的表达式为

$$p(\boldsymbol{X},\ \tau^2,\ \lambda^2 \mid \boldsymbol{b}) \propto \frac{\lambda^{2(\alpha_1+1)-m}}{\tau^{-2(\alpha_0+1)+n}} \exp\left(-\frac{1}{2\tau^2}\|\boldsymbol{AX}-\boldsymbol{b}\|_2^2 - \frac{1}{2\lambda^2}\|\boldsymbol{X}\|_2^2 - \beta_0\tau^{-2} - \beta_1\lambda^{-2}\right) \tag{6.17}$$

从式(6.17)联合后验概率密度可以获得未知参数向量 $\boldsymbol{X}$ 和未知参数 λ^2、τ^2 的后验概率密度以及其估计量。但由于后验状态空间的维数往往比较高,直接求解可能不是太容易,需要借助基于蒙特卡罗思想的数值方法,尤其是马尔可夫链蒙特卡罗方法进行抽样获得近似解。

如只考虑最大后验概率解的话,则其解为

$$(\widehat{\boldsymbol{X}}, \widehat{\tau}^2, \widehat{\lambda}^2)_{\mathrm{MAP}} = \arg\max_{(\boldsymbol{X}, \tau^2, \lambda^2)} p(\boldsymbol{X}, \tau^2, \lambda^2 \mid \boldsymbol{b}) = \arg\min_{(\boldsymbol{X}, \tau^2, \lambda^2)} J(\boldsymbol{X}, \tau^2, \lambda^2) \tag{6.18}$$

其中,泛函 $J(\boldsymbol{X}, \tau^2, \lambda^2)$ 为

$$\begin{aligned} J(\boldsymbol{X}, \tau^2, \lambda^2) = & \frac{1}{2\tau^2}\|\boldsymbol{AX}-\boldsymbol{b}\|_2^2 + \frac{1}{2\lambda^2}\|\boldsymbol{X}\|_2^2 + \beta_0\tau^{-2} + \beta_1\lambda^{-2} \\ & - \left(\alpha_1 + 1 - \frac{m}{2}\right)\ln\lambda^2 - \left(\alpha_0 + 1 - \frac{n}{2}\right)\ln\tau^2 \end{aligned} \tag{6.19}$$

由贝叶斯统计推断获得的泛函 $J(\boldsymbol{X}, \tau^2, \lambda^2)$ 与经典吉洪诺夫泛函类似,称为增广的吉洪诺夫泛函。通过求增广的吉洪诺夫泛函极值可以同时确定预测误差方差 τ^2 以及正则化参数 $\eta = \tau^2/\lambda^2$。

根据增广吉洪诺夫泛函的性质,研究者给出了分级贝叶斯建模中选取先验参数的一些指导性原则,同时给出了对增广吉洪诺夫泛函求极值的方法。通过泛函取极值的必要条件,可以将求式(6.19)中的泛函极值问题转换为求解如下的优化方程组:

$$\left(\boldsymbol{A}^{\mathrm{T}}\boldsymbol{A} + \frac{\tau^2}{\lambda^2}\boldsymbol{I}\right)\boldsymbol{X} - \boldsymbol{A}^{\mathrm{T}}\boldsymbol{b} = 0 \tag{6.20}$$

$$[2(\alpha_0 + 1) + n]\tau^2 - \|\boldsymbol{A}^{\mathrm{T}}\boldsymbol{X} - \boldsymbol{b}\|_2^2 - 2\beta_0 = 0 \tag{6.21}$$

$$\|\boldsymbol{X}\|_2^2 + 2\beta_1 - [2(\alpha_1 + 1) + m]\lambda^2 = 0 \tag{6.22}$$

式(6.20)~式(6.22)所示的方程组,可以由交替方向算法进行求解。交替方向算法的迭代格式如下:

① 根据先验知识给定已知超参数 (α_0, β_0) 和 (α_1, β_2) 的值;

② 设置 $\boldsymbol{X}$、τ^2 和 λ^2 的初始化值($k=0$);

③ 更新 $\boldsymbol{X}$ 的值,$\boldsymbol{X}_{k+1} = \left(\boldsymbol{A}^{\mathrm{T}}\boldsymbol{A} + \frac{\tau_k^2}{\lambda_k^2}\boldsymbol{I}\right)^{-1}\boldsymbol{A}^{\mathrm{T}}\boldsymbol{b}$;

④ 更新 τ^2 的值,$\tau_{k+1}^2 = [2(\alpha_0 + 1) + n]^{-1}(\|\boldsymbol{A}^{\mathrm{T}}\boldsymbol{X}_{k+1} - \boldsymbol{b}\|_2^2 + 2\beta_0)$;

⑤ 更新 λ^2 的值,$\lambda_{k+1}^2 = [2(\alpha_1 + 1) + m]^{-1}(\|\boldsymbol{X}_{k+1}\|_2^2 + 2\beta_1)$;

⑥ 回到步骤③,$k=k+1$,直到 $\|\boldsymbol{X}_{k+1} - \boldsymbol{X}_k\|_2^2/\|\boldsymbol{X}_k\|_2^2 < \varepsilon$ 满足为止,ε 为预先

设定的一个适当的误差容限，一般可以取 $\varepsilon = 10^{-6}$；

⑦ 停止计算，输出 $\boldsymbol{X}_k$ 为未知向量的最优解，输出 τ_k^2 和 λ_k^2 的比值 τ_k^2/λ_k^2 作为最优正则化参数 η。

6.3　基于贝叶斯正则化的结构冲击载荷识别

6.3.1　冲击载荷反卷积识别问题

在第三章中介绍了一种基于贝叶斯模型修正的方法，同时识别冲击位置并重建冲击力时间历程。该方法属于基于模型的识别方法，将冲击载荷识别转换为模型修正问题，结合复合材料结构在冲击载荷作用下的响应模型，通过测量信息和先验知识，获得描述冲击位置和冲击力时间历程参数的概率分布。

在基于模型的冲击载荷识别方法中，还有一种比较直观的方法，就是通过反卷积的方式，由结构的动态响应结合结构的脉冲响应函数重建出作用在结构上的冲击力时间历程。在线弹性范围内，结构上任意点的输入-输出关系都可由第一类积分方程表示。假设只有一个冲击载荷 $f(t)$ 作用于结构，在结构表面布置了传感器来测量对应的冲击响应 $y(t)$。若忽略冲击载荷作用点处局部材料退化等因素，可以将结构视为一时不变系统，冲击载荷与传感点冲击响应之间的关系可表示为如下的卷积形式：

$$y(t) = \int_0^t h(\tau) f(t - \tau)\,\mathrm{d}\tau \tag{6.23}$$

其中，$h(t)$ 为冲击点与传感点之间的脉冲响应函数。对式(6.23)进行反卷积，首先需要获取冲击力与传感点冲击响应之间的关系，即脉冲响应函数。在冲击载荷识别中，取决于结构形式和边界条件，可以用解析法、数值法和实验法等手段获得脉冲响应函数。在这里，借助第三章中建立的状态空间形式的复合材料结构正向冲击模型来建立冲击载荷与多个传感点冲击响应之间的关系。

由第三章内容可知，在时域进行离散化后的复合材料结构冲击模型可表示为

$$\boldsymbol{z}(n+1) = \boldsymbol{\Phi}\boldsymbol{z}(n) + \boldsymbol{\Gamma}f(n) \tag{6.24}$$

$$\boldsymbol{y}(n) = \boldsymbol{C}\boldsymbol{z}(n) \tag{6.25}$$

对式(6.24)和式(6.25)进行重新整理，可获得如下矩阵形式表示的冲击载荷与冲击响应之间的线性方程：

$$\boldsymbol{Y} = \boldsymbol{H}\boldsymbol{F} \tag{6.26}$$

其中，

$$\boldsymbol{Y} = \{\boldsymbol{y}(1); \boldsymbol{y}(2); \cdots; \boldsymbol{y}(n_s - 1); \boldsymbol{y}(n_s)\} \tag{6.27}$$

$$\boldsymbol{F} = \{f(0); f(1); f(2); \cdots; f(n_s - 2); f(n_s - 1)\} \tag{6.28}$$

$$\boldsymbol{H} = \begin{bmatrix} \boldsymbol{C}\boldsymbol{\Gamma} & 0 & 0 & \cdots & 0 \\ \boldsymbol{C}\boldsymbol{\Phi}\boldsymbol{\Gamma} & \boldsymbol{C}\boldsymbol{\Gamma} & 0 & \cdots & 0 \\ \boldsymbol{C}\boldsymbol{\Phi}^2\boldsymbol{\Gamma} & \boldsymbol{C}\boldsymbol{\Phi}\boldsymbol{\Gamma} & \boldsymbol{C}\boldsymbol{\Gamma} & \cdots & 0 \\ \vdots & \vdots & \vdots & \ddots & \vdots \\ \boldsymbol{C}\boldsymbol{\Phi}^{n_s-1}\boldsymbol{\Gamma} & \boldsymbol{C}\boldsymbol{\Phi}^{n_s-2}\boldsymbol{\Gamma} & \boldsymbol{C}\boldsymbol{\Phi}^{n_s-3}\boldsymbol{\Gamma} & \cdots & \boldsymbol{C}\boldsymbol{\Gamma} \end{bmatrix} \tag{6.29}$$

分别为时域离散化后的冲击响应向量、冲击载荷向量和脉冲函数矩阵。

式(6.26)是在时域离散条件下进行冲击载荷时间历程反卷积识别的基本方程,但冲击载荷识别是典型的不适定反问题,由于存在模型误差和测量噪声,式(6.29)中的脉冲函数矩阵 $\boldsymbol{H}$ 通常具有很大的条件数。因此对式(6.26)直接求逆来识别冲击载荷,通常得到的解是不稳定的,具有非常大的误差,需要引入正则化方法来获得近似的稳定有界解。

6.3.2　冲击载荷识别的双层循环求解方法

由式(6.26)可以看出,当冲击载荷识别问题归结为线性反问题后,上述贝叶斯正则化的理论和方法可以直接应用(未知冲击力向量 $\boldsymbol{F}$、冲击响应向量 $\boldsymbol{Y}$ 及脉冲函数矩阵 $\boldsymbol{H}$ 分别与式(6.26)中的 $\boldsymbol{X}$、$\boldsymbol{b}$ 和 $\boldsymbol{A}$ 等价),即通过分级贝叶斯建模可以获得未知冲击力向量 $\boldsymbol{F}$、尺度系数 λ^2 和误差方差 τ^2 在冲击响应向量 $\boldsymbol{Y}$ 支撑下的联合后验概率密度 $p(\boldsymbol{F}, \tau^2, \lambda^2 \mid \boldsymbol{Y})$:

$$p(\boldsymbol{F}, \tau^2, \lambda^2 \mid \boldsymbol{Y}) \propto p(\boldsymbol{Y} \mid \boldsymbol{F}, \tau^2)p(\boldsymbol{F} \mid \lambda^2)p(\tau^2)p(\lambda^2) \tag{6.30}$$

其中,似然函数 $p(\boldsymbol{Y} \mid \boldsymbol{F}, \tau^2)$ 以及先验概率密度 $p(\boldsymbol{F} \mid \lambda^2)$、$p(\tau^2)$、$p(\lambda^2)$ 的表达式都与式(6.10)、式(6.8)、式(6.15)和式(6.16)的形式相同。同时通过泛函取极值的必要条件,可以获得与式(6.20)~式(6.22)形式相同的最优方程组。经过交替方向算法的迭代求解,可以获得未知冲击向量 $\boldsymbol{F}$ 的最大后验概率解以及最优正则化参数。

但建立脉冲函数矩阵并进行冲击力时间历程识别的前提是预先知道冲击载荷作用位置。在冲击载荷作用位置未知的情况下,一种可行的方法是建立一个双层循环迭代的算法,外层循环迭代识别冲击的位置,将识别的结果传递给内层循环建立脉冲函数矩阵并采用贝叶斯正则化和交替方向法迭代求解冲击力向量;经过多次迭代,可以识别出冲击位置并重建冲击力时间历程。这里,将第五章中介绍的无味卡尔曼滤波用于对冲击位置的识别。

定义位置参数向量 $\boldsymbol{\theta} = [x_{\text{impact}},\ y_{\text{impact}}]^{\mathrm{T}}$，其中 x_{impact} 和 y_{impact} 分别为冲击载荷作用位置的横坐标和纵坐标，将 $\boldsymbol{\theta}$ 看作准动态系统的状态变量向量，建立如下的系统方程和观测方程：

$$\boldsymbol{\theta}_k = \boldsymbol{\theta}_{k-1} \tag{6.31}$$

$$\boldsymbol{Y}_k = h(\boldsymbol{\theta}_k) + \boldsymbol{v}_k \tag{6.32}$$

式(6.31)系统方程描述了状态变量向量 $\boldsymbol{\theta}$ 的演化过程。由于冲击载荷一旦发生，其位置是确定的，因此可以认为其是一个时不变状态变量，在每个迭代时刻是相同的（k 表示的是迭代步，而不是一般滤波问题中的离散时刻）；而式(6.32)观测方程则描述了每个迭代时刻状态变量向量与观测数据即冲击响应向量之间的关系，这个关系用非线性观测函数 h 来表示，同时引入噪声向量 $\boldsymbol{v}$ 来表征建模和观测过程中的不确定性因素。在每个迭代步 $\boldsymbol{Y}_k$ 与 $\boldsymbol{Y}$ 相同，$\boldsymbol{v}$ 服从均值为零，协方差矩阵为 $\boldsymbol{R}$ 的多维正态分布，即 $p(\boldsymbol{v}) \sim N(0,\ \boldsymbol{R})$。

此外研究发现，在冲击载荷识别中，冲击载荷时间历程严重依赖于冲击位置，在识别的冲击位置离开实际冲击位置一段距离后，重建的冲击载荷时间历程将趋于零，导致无法通过目标函数搜索正确的冲击位置。为此，引入"分而治之"的离散搜索策略确定冲击位置识别的初值：在结构表面预先设定一些离散的搜索位置，在这些位置使用贝叶斯正则化重建冲击载荷时间历程，然后代入目标函数，选取目标函数最小的位置作为无味卡尔曼滤波的初始估计 $\boldsymbol{\theta}_0$。

6.3.3　数值仿真结果

数值仿真的对象为一复合材料层合板，其尺寸为 1 000 mm × 1 000 mm，铺层为 $[45/90/-45/0/0/45/0/0/-45/0]_s$，每层厚度 0.125 mm，每层材料为 T300/QY8911 单向板，材料的各项性能参数在表 3.5 中列出。结构四边固支，参考坐标系原点设在结构中面左下角，与如图 3.12 中所示类似。假设在结构表面布置四个传感器，命名为 S1、S2、S3 和 S4，用于模拟测量结构在冲击载荷作用下的应变响应，传感器的位置坐标分别为(250, 250) mm、(750, 250) mm、(750, 750) mm 和(250, 750) mm。

在数值仿真中考虑两个冲击载荷时间历程（分别命名为 I1 和 I2，如图 6.1 所示），作用在六个随机选定的位置（分别命名为 L1 ~ L6，坐标如表 6.1 所示），形成六个冲击事件[分别命名为 IrLs ($r = 1,\ 2;\ s = 1,\ 2,\ \cdots,\ 6$)]。采用有限元计算各个冲击事件下的冲击响应，然后分别加入信噪比为 20 dB 和 10 dB 的高斯白噪声作为实际测量信号，以考虑测量噪声的影响。

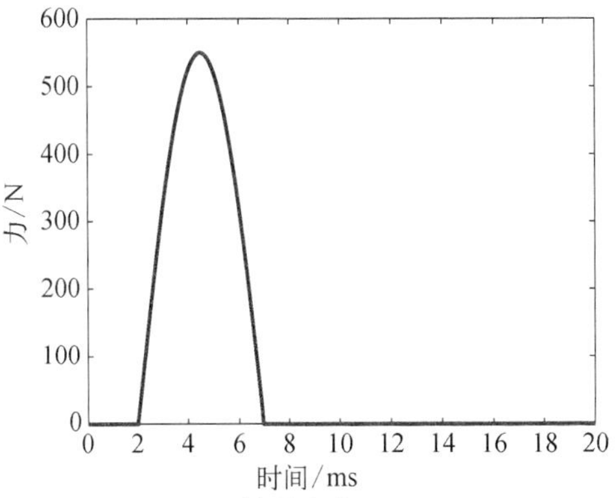

(a) 冲击力I1

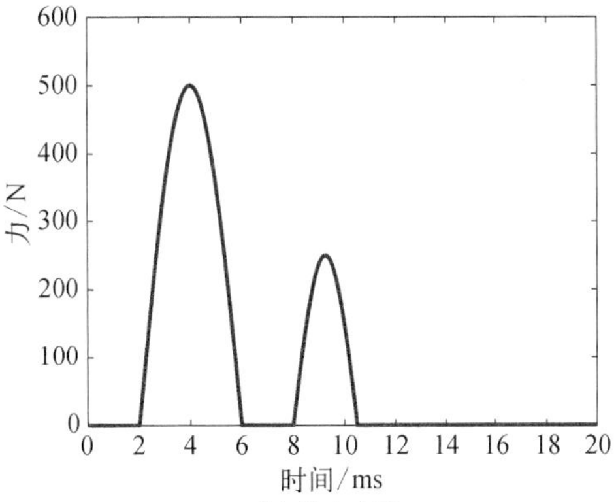

(b) 冲击力I2

图 6.1　数值仿真中考虑的冲击力时间历程

表 6.1　冲击事件及冲击位置坐标　　(单位：mm)

冲击力 I1	位置 L1 (350, 400)	位置 L2 (125, 675)	位置 L3 (700, 500)
冲击力 I2	位置 L4 (400, 600)	位置 L5 (600, 800)	位置 L6 (550, 275)

如图 6.2 所示,在结构表面均匀设置 6×6=36 个离散点[四个角点 1、6、31、36 的坐标分别为(100, 100)mm、(900, 100)mm、(900, 900)mm 和(100, 900)mm,相邻离散点间距为 160 mm]。离散搜索采用的目标函数为

$$\text{obj} = \frac{\| \boldsymbol{Y} - \widehat{\boldsymbol{Y}}(x_{\text{grid}}, y_{\text{grid}}) \|^2}{\| \boldsymbol{Y} \|^2} \tag{6.33}$$

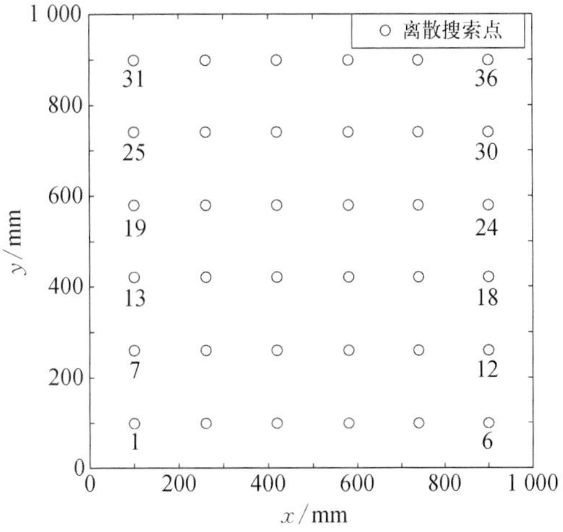

图 6.2　“分而治之”离散搜索策略确定初始位置

式中, $\boldsymbol{Y}$ 是式(6.27)所示的测量响应向量; $\widehat{\boldsymbol{Y}}(x_{\text{grid}}, y_{\text{grid}})$ 是在设定离散点$(x_{\text{grid}}, y_{\text{grid}})$处由贝叶斯正则化识别的冲击力和正向冲击模型预测的冲击响应向量。

图 6.3 所示为当测量信噪比分别为 20 dB 和 10 dB 时冲击事件 I1L1 的定位结果。从图 6.3(a)中可以看出,对于两种信噪比情况,坐标为(260, 420)mm 的第 14 号离散搜索点都具有最小的目标函数。以这点的坐标为初值,无味卡尔曼滤波的

估计结果慢慢接近真实冲击位置，在 10 次迭代以内达到收敛，如图 6.3(b) 所示。对于 20 dB 信噪比和 10 dB 信噪比的情况，无味卡尔曼滤波识别的冲击位置结果分别为(348, 401) mm 和 (348, 402) mm，与真实冲击位置之间的偏差小于 3 mm，比较准确地识别出了冲击位置。

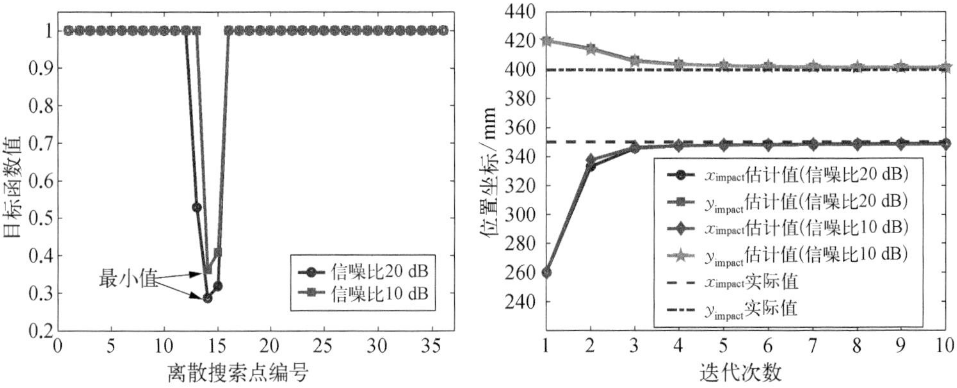

(a) 离散点处目标函数　　　　(b) 无味卡尔曼滤波识别结果

图 6.3　冲击事件 I1L1 的定位结果

图 6.4 所示为当测量信噪比分别为 20 dB 和 10 dB 时冲击事件 I2L4 的定位结果。从图 6.4(a) 中可以看出，对于两种信噪比情况，坐标为(420, 580) mm 的第 21 号离散搜索点都具有最小的目标函数。以这点的坐标为初值，无味卡尔曼滤波的估计结果如图 6.4(b) 所示。对于 20 dB 信噪比和 10 dB 信噪比的情况，无味卡尔曼滤波识别的冲击位置结果分别为(398, 603) mm 和 (397, 604) mm，与真实冲击位置之间的偏差小于 5mm，也比较准确地识别出了冲击位置。

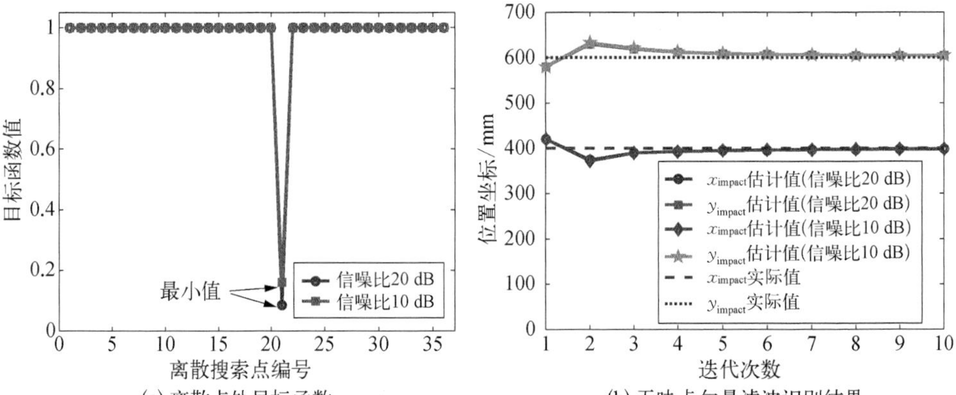

(a) 离散点处目标函数　　　　(b) 无味卡尔曼滤波识别结果

图 6.4　冲击事件 I2L4 的定位结果

对于其他冲击事件,采用结合离散搜索和无味卡尔曼滤波的方法也都能准确地识别出冲击位置。图 6.5 所示分别为在信噪比为 20 dB 和 10 dB 的情况下,冲击识别位置与真实位置的比较。识别结果也在表 6.2 中列出。从图 6.5 和表 6.2 中可以看出,结合离散搜索和无味卡尔曼滤波的方法对测量噪声不敏感,在信噪比为 10 dB 的情况下,识别的冲击位置与实际冲击位置的最大偏差为 12 mm,考虑到模型误差和测量噪声等不确定性因素的影响,这个识别精度已比较高。

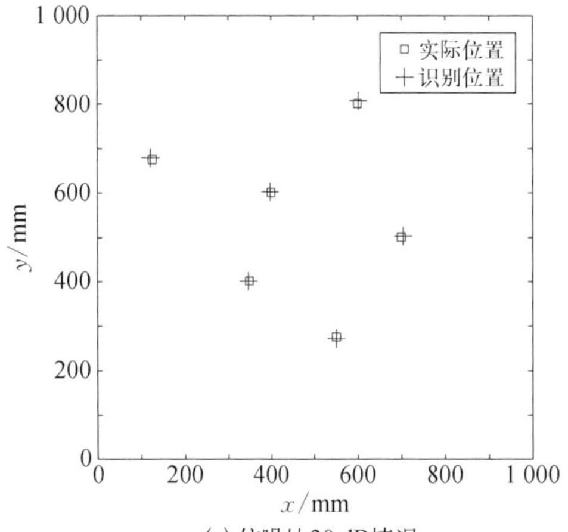

(a) 信噪比20 dB情况

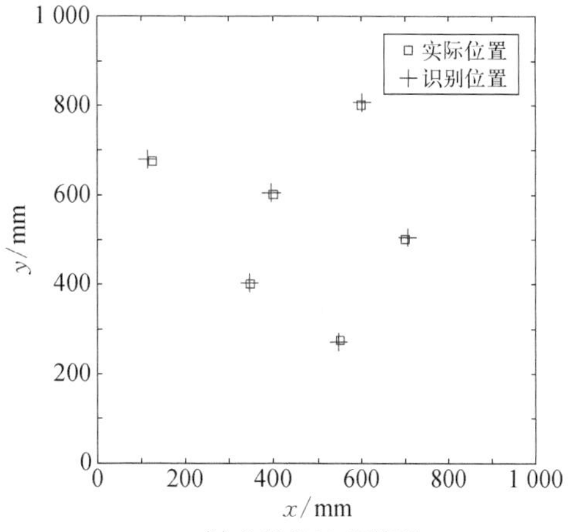

(b) 信噪比10 dB情况

图 6.5 定位结果与真实冲击位置比较

表 6.2 冲击位置识别结果 (单位: mm)

位置	L1	L2	L3	L4	L5	L6
实际	(350, 400)	(125, 675)	(700, 500)	(400, 600)	(600, 800)	(550, 275)
信噪比 20 dB	(348, 401)	(121, 679)	(704, 503)	(398, 603)	(601, 806)	(551, 272)
信噪比 10 dB	(348, 402)	(114, 680)	(706, 504)	(397, 604)	(602, 807)	(548, 272)

作为识别算法的内层循环,在无味卡尔曼滤波迭代更新冲击位置的过程中,估计的冲击位置被传递到贝叶斯正则化算法中用于重建冲击载荷时间历程,并预测冲击响应。当冲击位置识别结果收敛后,在最终识别位置处重建的冲击力即为识别的冲击力。贝叶斯正则化中先验概率密度中的超参数可以取如下的值: $\alpha_0 = \alpha_1 = 2$, $\beta_0 = \beta_1 = 1 \times 10^{-25}$; τ^2 和 λ^2 的初值可以分别取 1×10^{-12} 和 100;冲击力向量的每个元素的初值可以全取 1。

图 6.6 所示为信噪比为 20 dB 时冲击事件 I1L1 的冲击力识别结果。从图

6.6(a)可以看出，虽有一些轻微振荡，识别的冲击力仍与实际冲击力吻合较好：识别的冲击力波形、持续时间以及最大冲击力都与实际冲击力接近。图 6.6(b)所示为采用识别的冲击力和冲击位置预测的各传感点冲击响应，可以看出识别的冲击响应与测量冲击响应吻合得很好。图 6.7 所示为信噪比为 10 dB 时冲击事件 I1L1 的冲击力识别结果。从图中可以看出，在噪声水平提高的情况下，贝叶斯正则化依然能很好地识别出冲击力，预测的冲击响应与测量冲击响应一致。相较于传统吉洪诺夫正则化，贝叶斯正则化的优点在于其能从测量数据出发自适应地确定正则化参数，而无需人工干预。图 6.8 所示为两种噪声水平下对冲击事件 I1L1 进行识别过程中，交替方向算法从初值出发，经过少量迭代自适应确定的最优正则化参数。

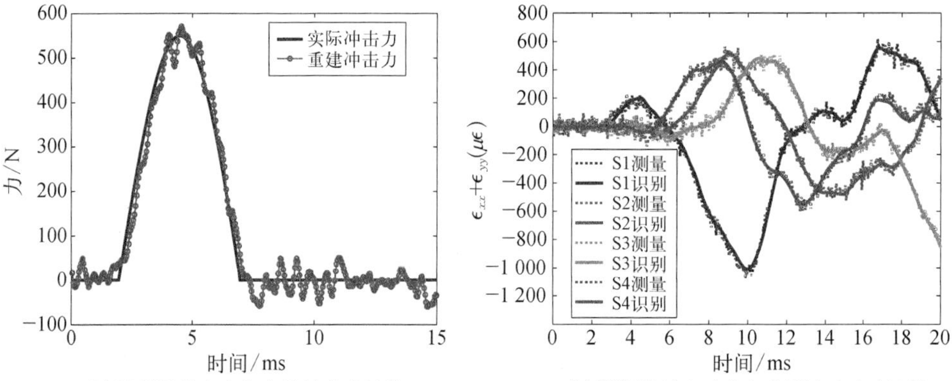

(a) 识别的冲击力与实际冲击力比较　　(b) 预测的冲击响应与实际冲击响应比较

图 6.6　信噪比为 20 dB 时冲击事件 I1L1 的冲击力识别结果

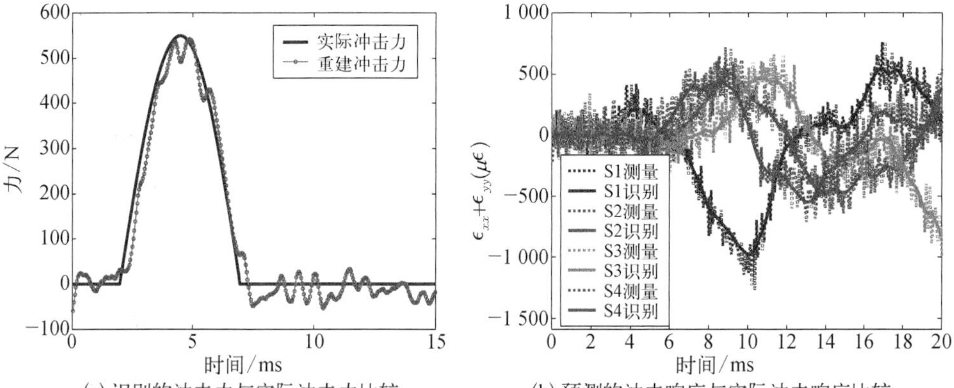

(a) 识别的冲击力与实际冲击力比较　　(b) 预测的冲击响应与实际冲击响应比较

图 6.7　信噪比为 10 dB 时冲击事件 I1L1 的冲击力识别结果

对于具有两个冲击力波形的冲击载荷，同样可以识别获得较好的结果。图 6.9(a)和图 6.10(a)所示分别为信噪比为 20 dB 和 10 dB 时冲击事件 I2L4 的冲击力识别结果。图 6.9(b)和图 6.10(b)所示则分别为两种噪声水平下采用识别的

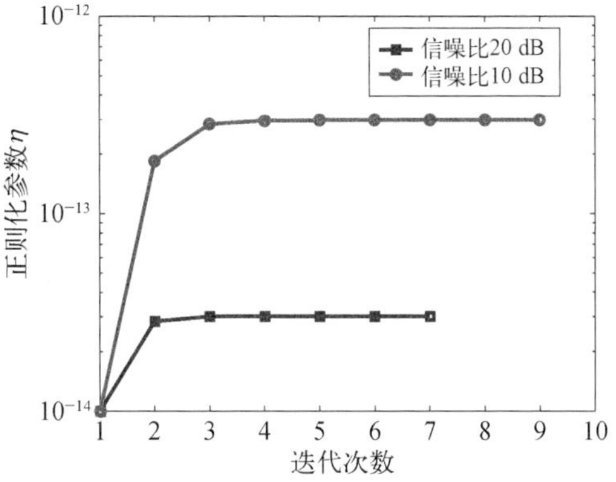

图 6.8　冲击事件 I1L1 识别过程中自适应确定的正则化参数

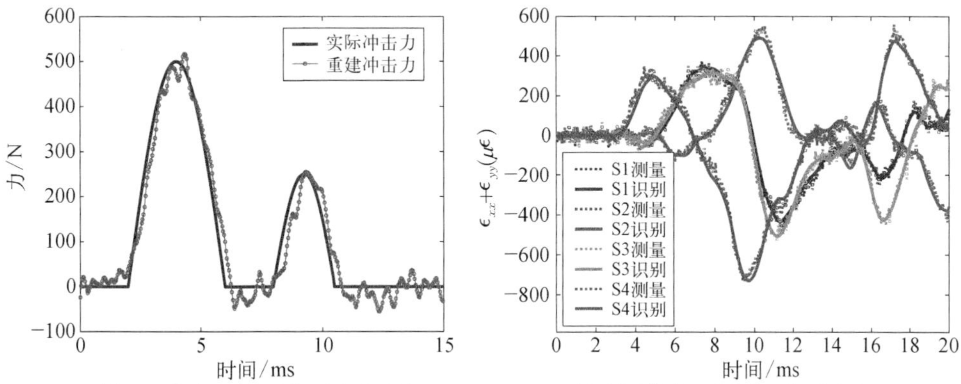

(a) 识别的冲击力与实际冲击力比较　　(b) 预测的冲击响应与实际冲击响应比较

图 6.9　信噪比为 20 dB 时冲击事件 I2L4 的冲击力识别结果

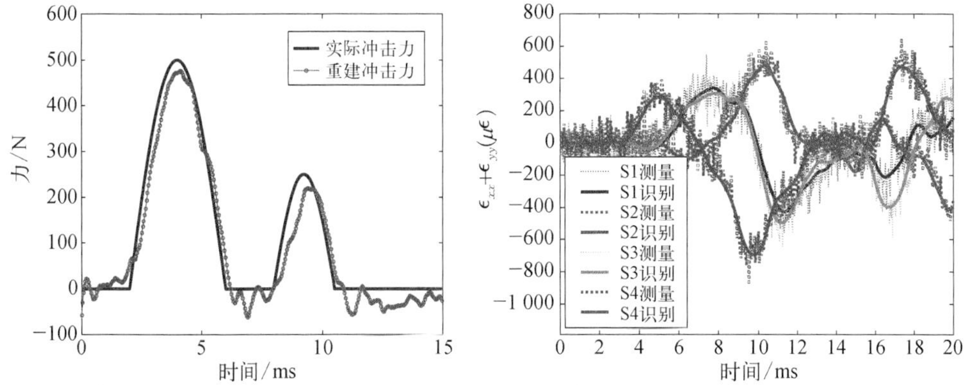

(a) 识别的冲击力与实际冲击力比较　　(b) 预测的冲击响应与实际冲击响应比较

图 6.10　信噪比为 10 dB 时冲击事件 I2L4 的冲击力识别结果

冲击力和冲击位置预测的各传感点冲击响应。图 6.11 所示为对应的自适应确定的最优正则化参数。

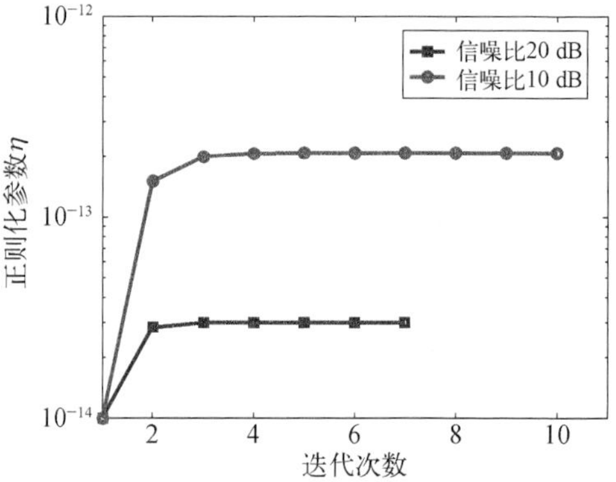

图 6.11 冲击事件 I2L4 识别过程中自适应确定的正则化参数

对于其他的冲击事件,也可以识别获得类似的结果。由于复合材料结构冲击损伤与冲击能量密切相关,所以进一步计算各冲击事件所识别冲击力的冲击能量以与实际冲击能量进行比较。图 6.12 所示分别为冲击事件 I1L1 和 I2L4 中采用识别的冲击力在识别的冲击位置预测的位移响应,实际冲击位置的位移响应也在图中画出以作比较。采用识别的冲击力与预测的冲击位置位移计算冲击能量,如图 6.13 所示为六个冲击事件在两种测量噪声条件下识别出的冲击能量与实际冲击能量的比较。冲击能量计算结果也在表 6.3 中列出。从图 6.13 和表 6.3 中可以看出,识别的冲击能量基本与实际冲击能量一致,再次验证了基于贝叶斯正则化和无味卡尔曼滤波的两层循环冲击载荷识别方法的有效性。

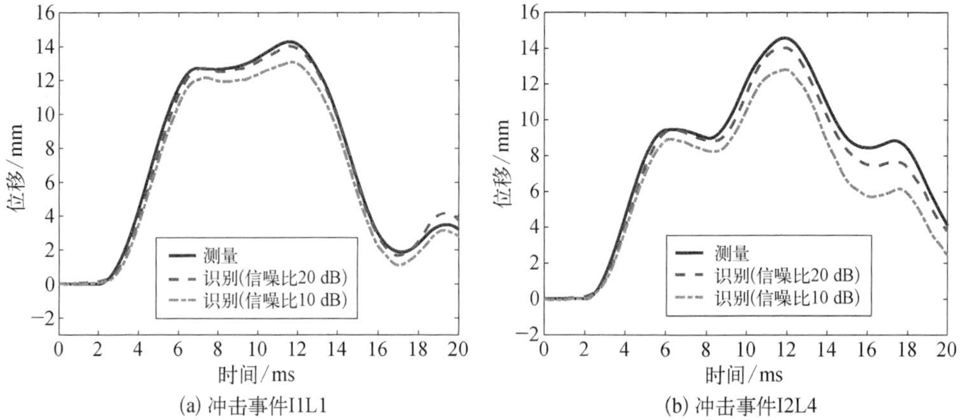

图 6.12 识别冲击位置处的预测位移与实际冲击位移处位移比较

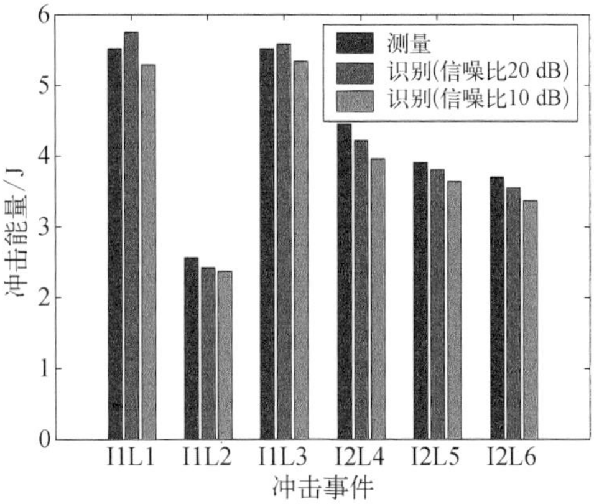

图 6.13　识别的冲击能量与实际冲击能量比较

表 6.3　冲击能量识别值与测量值比较　(单位：J)

冲击事件	I1L1	I1L2	I1L3	I2L4	I2L5	I2L6
测量值	5.52	2.57	5.52	4.45	3.91	3.70
信噪比 20 dB	5.75	2.42	5.59	4.22	3.81	3.55
信噪比 10 dB	5.29	2.37	5.34	3.96	3.64	3.37

6.4　基于碳纳米管薄膜电学成像的损伤识别

6.4.1　电学成像损伤识别原理

自 1991 年被发现以来，碳纳米管以其优异的力学性能(弹性模量达到 270~1 500 GPa，拉伸强度达到 10~500 GPa)、电学性能(电导率达到 $10^2 \sim 10^7$ S/m)和热学性能[热导率达到 3 000~6 000 W/(m·K)]，引起了全世界科研工作者的研究兴趣。在复合材料结构领域，碳纳米管优异的力学性能使其成为良好的纳米尺度增强体以提高聚合物基复合材料的各项力学性能。除此以外，碳纳米管的加入将使聚合物基复合材料具有良好的导电性能，从而具备自感应能力，能够在结构服役的过程中，对结构内部的受力变形以及损伤进行实时监测。因此，近年来碳纳米管增强和改性的聚合物复合材料结构的健康监测得到了极大的关注。

当碳纳米管被加入聚合物复合材料中时，能够在其中形成分布式的电流传导网络。由于碳纳米管的尺寸比复合材料纤维小三个数量级，使得碳纳米管能够穿透纤维附近以及铺层之间的树脂区域，让这种电传导能力遍布整个复合材料结构。同时碳纳米管改性的复合材料具有很好的压阻效应，使得电流传导网络的电阻随复合材料的变形而变化，由此可以对结构的载荷、应变等物理量进行监测。当结构中存在微裂纹等损伤时,损伤会切断其所在部位碳纳米管之间的联系,从而在纳米尺度引起电导特性的变化(电导率下降/电阻率增大),利用这一特性可以对损伤的发生和发展进行监测。国内外研究者对碳纳米管改性和增强的聚合物基复合材料的多种结构形式和损伤形式进行了监测研究,但这些研究大都针对复合材料一维结构,并且只是定性地监测到复合材料在变形过程中损伤的发生和发展,由于没有建立损伤与电导之间的关系,而不能定量地确定损伤的位置和程度(尺寸)。

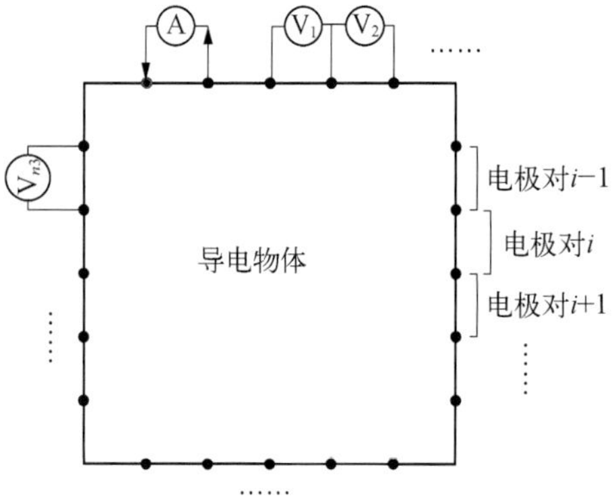

图 6.14　电学成像损伤识别示意图

为了提高损伤识别的准确度,近年来一种在医学领域发展起来的电学成像技术被用于对碳纳米管改性复合材料结构中的损伤进行定量成像识别。如图 6.14 所示,电学成像技术通过一组置于物体表面的电极,在注入频率、大小可调的微小电流的同时测量物体表面相应的边界电压。由测量得到的电压数据,结合物体电学性质的正向模型,运用一定的重建算法,即可反演得到物体内部的电特性,该电特性可以以电阻抗或电导率的形式表现出来。这些反演得到的电特性变化,可以用来表征碳纳米管改性复合材料结构中损伤的位置和尺寸等信息。Baltopoulos 等(2015)采用多壁碳纳米管来改性玻璃纤维复合材料,然后在复合材料板四周布置电极,通过依次在相对方向注入电流并测量其他电极上的电势,结合有限元正向模型重建了损伤前后的电阻率变化分布,实现了对孔洞的识别。Tallman 等(2015)对炭黑改性的玻璃纤维复合材料冲击损伤成像进行了研究,表明电学成像能对冲击损伤引起的电导率变化进行比较准确的识别,从而实现对损伤的定位和大致程度的估计。Gallo 和 Thostenson(2016)考虑了碳纳米管改性复合材料板结构中电导率的各向异性,对孔洞、冲击损伤等损伤形式的电学成像结果表明,考虑电导率的各向异性能获得更好的成像识别效果,同时电流的输入模式对损伤的敏感性也有区别,对最终的成像结果有一定的影响。

但将碳纳米管等材料直接加入复合材料树脂基体中存在的问题是:碳纳米管具有团聚效应,很难均匀分散在树脂中,尤其是碳纳米管含量较多时,将显著增加树脂的黏度,影响树脂的流动。同时,树脂的绝缘性将大大降低碳纳米管的导电特性。这些因素将使得碳纳米管改性复合材料的电学特性分布不均匀,影响电学成像的效果。因此在本节中,采用导电能力很强且电学特性分布相对均匀的碳纳米管薄膜作为感应层,对复合材料结构中的损伤进行成像识别。

6.4.2 基于贝叶斯正则化的电学成像算法

对于碳纳米复合材料或碳纳米管薄膜,注入的电流为微小的恒定电流。电学成像为恒定电流场模型,场域内没有电流源。根据麦克斯维尔方程和似稳场假设,对于场域内任一点,有

$$\nabla\cdot \boldsymbol{J} = 0 \tag{6.34}$$

$$\boldsymbol{J} = \boldsymbol{\sigma}\boldsymbol{E} \tag{6.35}$$

$$\boldsymbol{E} = -\nabla u \tag{6.36}$$

式中, $\boldsymbol{J}$、$\boldsymbol{E}$、$\boldsymbol{\sigma}$ 和 u 分别为场域内的电流密度、电场强度、电导率和电势分布函数。

由式(6.34)~式(6.36)可得,场域内的电势分布函数 u 满足:

$$\nabla\cdot(\boldsymbol{\sigma}\nabla u) = 0 \tag{6.37}$$

对于采用电流激励方式的电学成像系统,符合诺伊曼边界条件,即第二类边界条件:

$$u + z_l\sigma\frac{\partial u}{\partial \boldsymbol{n}} = U_l \quad x \in e_l,\ l = 1,\ 2,\ \cdots,\ L \tag{6.38}$$

$$\int_{e_l}\sigma\frac{\partial u}{\partial \boldsymbol{n}}\mathrm{d}S = I_l \quad x \in e_l,\ l = 1,\ 2,\ \cdots,\ L \tag{6.39}$$

$$\sigma\frac{\partial u}{\partial \boldsymbol{n}} = 0 \quad x \in \partial\Omega\backslash\bigcup_{l=1}^{L} e_l \tag{6.40}$$

式中, z_l 为电极与场域内介质的接触电阻; U_l 为电极 l 上的测量电压值; I_l 为电极 l 上的激励电流; e_l 为第 l 个电极; L 为电极总数; $\boldsymbol{n}$ 为边界 S 的单位法向矢量; Ω 为测量区域。

电学成像正问题需要求解场域内电场的分布,获得场域的边界电压值与电导率分布之间的对应关系。对于一般形状的场域模型,由于推导过程复杂,很难通过解析法进行正问题的求解,通常情况下,选用有限元法进行求解。

电学成像反问题是根据测量得到的边界电压数据,结合场域电学性质的正向模型,反演得到内部的电导率分布。通常采用最小二乘法来优化电压测量值与理论值的差值,即

$$\boldsymbol{\sigma}^* = \arg\min_{\boldsymbol{\sigma}}(\|\boldsymbol{V}_m - F(\boldsymbol{\sigma})\|_2^2) \tag{6.41}$$

式中, $\boldsymbol{V}_m$ 为实验测得的所有边界电压值形成的测量向量; $\boldsymbol{\sigma}$ 为进行有限元离散后

场域内各个单元内电导率值形成的向量(假设每个单元内部的电导率为常值); F 为通过有限元法计算得到的正算子。

在结构损伤识别中,通常关心的是场域内电学性质由于损伤的存在而引起的变化,用于指示损伤的存在以及位置和尺寸等信息,往往采用动态成像方法。当场域的初始电导率分布 $\boldsymbol{\sigma}_0$ 已知时,可以利用泰勒级数将 $F(\boldsymbol{\sigma})$ 展开,将式(6.41)所示的非线性反问题转化为线性反问题,由边界电压的变化获得场域内电导率变化的分布,即

$$\Delta\boldsymbol{\sigma}^* = \arg\min_{\Delta\boldsymbol{\sigma}}(\|\Delta\boldsymbol{V} - \boldsymbol{S}\Delta\boldsymbol{\sigma}\|^2) \tag{6.42}$$

式中, $\Delta\boldsymbol{V}$ 为损伤前后边界电压变化值; $\Delta\boldsymbol{\sigma}$ 为电导率变化值; $\boldsymbol{S}$ 称为灵敏度矩阵。对于灵敏度矩阵,可以结合灵敏度定理由有限元正向模型计算得到

$$S_{ij} = \int_{\Omega} \nabla u_i \cdot \nabla u_j \mathrm{d}\Omega \tag{6.43}$$

式中, u_i 为第 i 个激励电极对作用下的电势; u_j 为单位电流激励作用下的第 j 个测量电极对的电势。

但通常灵敏度矩阵是病态的,其条件数非常大,因此式(6.42)表示的反问题通常是不适定的,对其进行直接求解不能获得稳定有界的解,与实际电导率分布变化相比,误差将会非常大。为获得有界的稳定解,一般需要采用吉洪诺夫正则化方法将该反问题转化为

$$\Delta\boldsymbol{\sigma}^* = \arg\min_{\Delta\boldsymbol{\sigma}}(\|\Delta\boldsymbol{V} - \boldsymbol{S}\Delta\boldsymbol{\sigma}\|_2^2 + \eta\|\boldsymbol{I}\Delta\boldsymbol{\sigma}\|_2^2) \tag{6.44}$$

式中, η 为正则化参数; $\boldsymbol{I}$ 为单位矩阵。

由式(6.44)可以看出,当基于电学成像的损伤识别问题归结为正则化的线性反问题后,上述贝叶斯正则化的理论和方法可以直接应用(未知电导率变化向量 $\Delta\boldsymbol{\sigma}$、边界电压变化向量 $\Delta\boldsymbol{V}$ 及灵敏度矩阵 $\boldsymbol{S}$ 分别与式(6.26)中的 $\boldsymbol{X}$、$\boldsymbol{b}$ 和 $\boldsymbol{A}$ 等价),即通过分级贝叶斯建模可以获得未知电导率变化向量 $\Delta\boldsymbol{\sigma}$、尺度系数 λ^2 和误差方差 τ^2 在边界电压变化向量 $\Delta\boldsymbol{V}$ 支撑下的联合后验概率密度 $p(\Delta\boldsymbol{\sigma}, \tau^2, \lambda^2 \mid \Delta\boldsymbol{V})$:

$$p(\Delta\boldsymbol{\sigma}, \tau^2, \lambda^2 \mid \Delta\boldsymbol{V}) \propto p(\Delta\boldsymbol{V} \mid \Delta\boldsymbol{\sigma}, \tau^2)p(\Delta\boldsymbol{\sigma} \mid \tau^2)p(\tau^2)p(\lambda^2) \tag{6.45}$$

其中,似然函数 $p(\Delta\boldsymbol{V} \mid \Delta\boldsymbol{\sigma}, \tau^2)$ 以及先验概率密度 $p(\Delta\boldsymbol{\sigma} \mid \tau^2)$、$p(\tau^2)$、$p(\lambda^2)$ 的表达式都与式(6.10)、式(6.8)、式(6.15)和式(6.16)的形式相同。同时通过泛函取极值的必要条件,可以获得与式(6.20)~式(6.22)形式相同的最优方程组。经过交替方向算法的迭代求解,可以获得未知电导率变化向量 $\Delta\boldsymbol{\sigma}$ 的最大后验概率解以及最优正则化参数。通常损伤将引起该区域电导率的显著下降,因此将求解

获得的电导率变化用图像的形式显示出来，就可以直观地确定损伤的位置和大致尺寸等信息。

6.4.3 实验研究结果

采用实验研究的形式来验证以上基于贝叶斯正则化的电学成像算法以及其在对碳纳米管薄膜进行电学成像实现损伤识别的有效性。在该实验中，选取的实验对象是一块厚约 2 mm 的玻璃纤维复合材料层合板，如图 6.15 所示，在层合板表面粘贴碳纳米管薄膜作为智能感知层，对其进行孔洞损伤识别研究。层合板产生损伤时将引起对应位置的薄膜部位产生电导率变化，从而可以利用此处电导率的变化进行损伤识别。本实验所采用的碳纳米管薄膜的尺寸是 $10\times10\ \mathrm{cm}^2$，故只考虑该薄膜覆盖区域的损伤研究。使用银漆在薄膜四周边缘布置 20 个电极，电极的具体位置如表 6.4 所示，其中直角坐标系的原点设置在碳纳米管薄膜的左下角，横轴沿着下侧边缘向右，纵轴沿着左侧边缘向上。接着使用导电银胶将细导线与电极相连，并将试验件按要求连接到电学成像实验测试系统。该系统主要包括精密电源(Keithley 6221)、电压表(Keithley 2182A)、矩阵开关(Keithley 3706A－S)及控制器(Lenovo P510)。实验中控制器使用基于 LabVIEW 开发的软件根据一定的测量协议由矩阵开关进行电极间的切换，采用精密电源在指定电极对向碳纳米管薄膜中注入电流，激励电流大小均设为 100 mA，同时由电压表实现对其他电极间电压的自动测量。

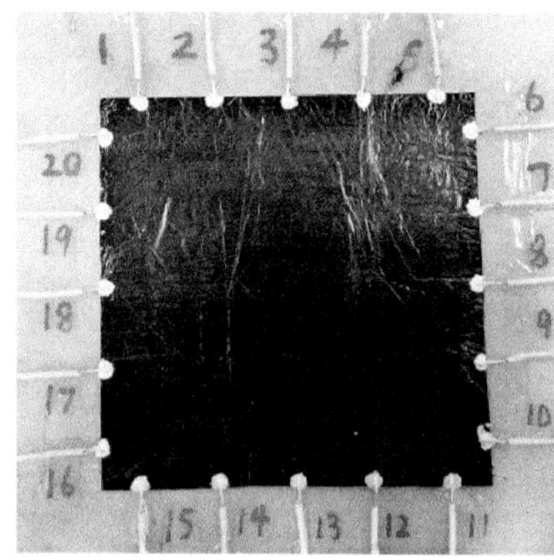

图 6.15 粘有碳纳米管薄膜感应层的玻璃纤维复合材料层合板

表 6.4 电极布置位置的坐标 (单位: cm)

电极编号	1	2	3	4	5
坐标	(1, 10)	(3, 10)	(5, 10)	(7, 10)	(9, 10)
电极编号	6	7	8	9	10
坐标	(10, 9)	(10, 7)	(10, 5)	(10, 3)	(10, 1)
电极编号	11	12	13	14	15
坐标	(9, 0)	(7, 0)	(5, 0)	(3, 0)	(1, 0)
电极编号	16	17	18	19	20
坐标	(0, 1)	(0, 3)	(0, 5)	(0, 7)	(0, 9)

在本研究中，选用的是相邻电极激励、相邻电极测量的模式在碳纳米管薄膜中依次注入电流并采集相应边界电压数据。如图 6.15 所示，在待测场域边缘共布置 n 个电极，即共有 n 组相邻电极对；在相邻电极激励、相邻电极测量的模式下，当电流激励一组电极对时，从第一组电极对开始，按顺时针方向依次测量与电流激励无关的余下的 $(n-3)$ 组电极对之间的电压值。测试过程中采用的激励电流大小、相对方向均相同，由于需要依次激励每一组电极对，共需激励 n 次，最终共测得 $(n-3)\times n$ 个边界电压值。

根据动态成像重建原理，需要测量两组边界电压值（损伤发生前后）：首先，在碳纳米管薄膜完整时测量一组边界电压值作为均匀状态下的参考值；随后，碳纳米管薄膜受到损伤破坏，利用相同的测试原理再次进行测量，得到损伤状态下的一组边界电压值；最后，利用电学成像算法对这两组边界电压值进行电导率变化重建，并以图像形式进行显示以识别损伤信息。

首先考虑单个损伤的情况。如图 6.16(a) 所示，在试验件上钻取一个直径为 1.2 cm 的圆孔用于模拟损伤的作用，其圆心坐标为(7, 7.7) cm。通过上述电学成像实验测试系统进行数据的采集，选用相邻激励、相邻测量模式，测得该试验件损伤发生后的一组边界电压值。对比损伤前后的电压差，进行归一化处理，按测量顺序排列如图 6.17(a) 所示。图 6.18 所示为该问题敏感矩阵进行奇异值分解后所获得的奇异值分布。由图 6.18 可知，敏感矩阵具有一定数量接近于零的奇异值，导致敏感矩阵的条件数非常高，接近病态，如直接对其求逆进行求解，获得的电导率变化分布与实际情况差异非常大，无法获取关于损伤的有用信息。接着采用以上基于贝叶斯正则化的电学成像算法对测量电压数据进行处理，经过少量迭代，算法可以自适应地确定正则化参数，并重建损伤引起的电导率变化分布。图 6.19(a) 所示为单损伤情况下，贝叶斯正则化算法所获得的电导率变化分布。从图上可以

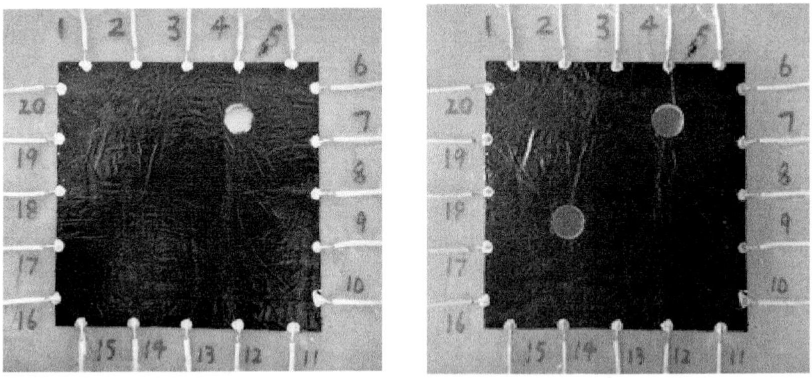

(a) 单圆孔损伤　　(b) 双圆孔损伤

图 6.16　复合材料层合板损伤情况

清楚地看出在碳纳米管薄膜上有一区域的电导率具有显著的下降,此区域即为损伤区域。实际损伤也用圆圈标注,表明基于贝叶斯正则化的电学成像不仅能识别出损伤的位置,还能识别出损伤的大致尺寸。当然,由于电学成像所固有的"软场"特性,并且贝叶斯正则化本质上与吉洪诺夫正则化类似,采用的都是平滑的正则化项,所识别出来的电导率显著变化区域要比实际损伤区域大。图 6.20(a)所示为单损伤情况下,对应的经过少量迭代自适应确定的最优正则化参数。

然后考虑双孔洞损伤形式,利用相同的原理及测试方法,对该复合材料层合板进行损伤图像重建。试验件中双孔洞损伤情况如图 6.16(b)所示。具体地,双圆孔的直径均为 1.2 cm,两圆心坐标分别为(3,4)cm 和(7,7.7)cm。测得损伤发生后的边界电压值,对损伤前后的电压差进行归一化处理,按测量顺序排列如图 6.17(b)所示。图 6.19(b)所示为双损伤情况下,贝叶斯正则化算法所获得的电导率变化分布。从图上可以清楚地看出在碳纳米管薄膜上有两个区域的电导率具有

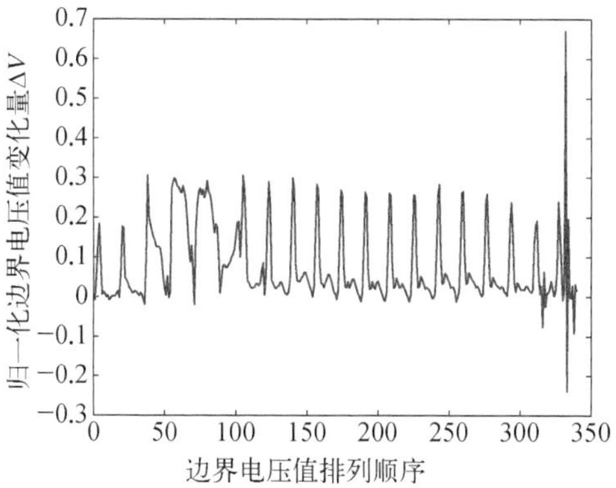

(a) 单圆孔损伤

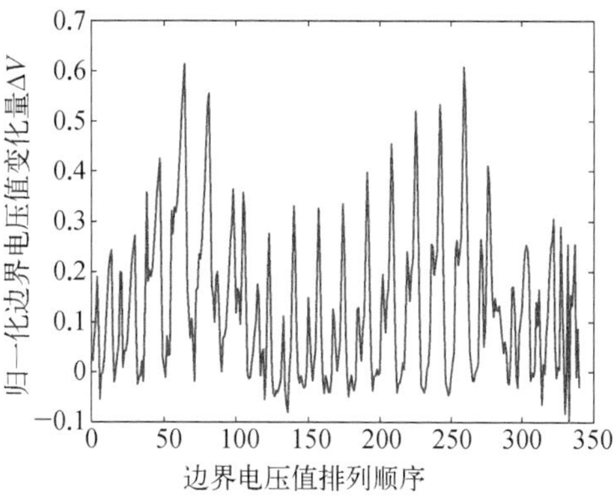

(b) 双圆孔损伤

图 6.17　损伤前后边界电压值变化量

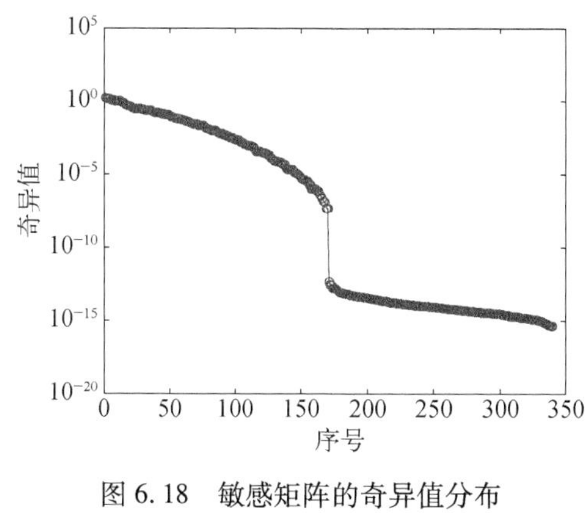

图 6.18　敏感矩阵的奇异值分布

显著的下降,此两区域即为损伤区域。实际损伤也用圆圈标注,与单损伤情况类似,基于贝叶斯正则化的电学成像不仅能识别出这两个损伤的位置,识别出的两个损伤的大致尺寸也与实际尺寸接近。图 6. 20(b)所示为双损伤情况下,对应的经过少量迭代自适应确定的最优正则化参数。

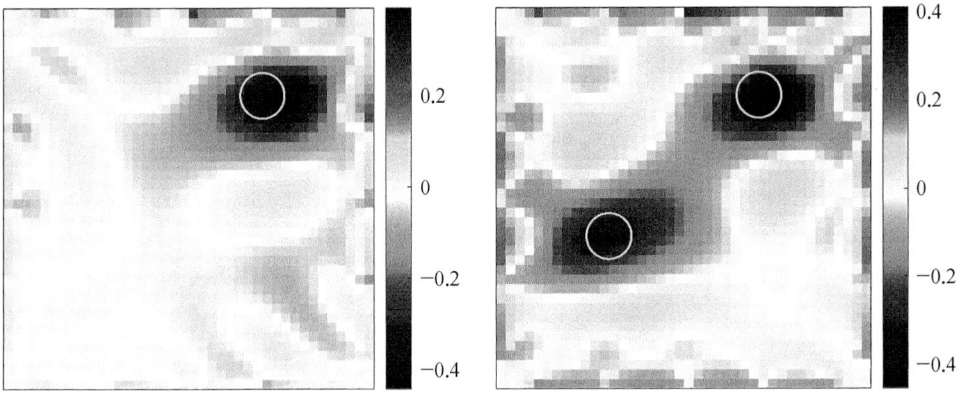

(a) 单圆孔损伤　　(b) 双圆孔损伤

图 6. 19　贝叶斯正则化获得的电导率变化分布

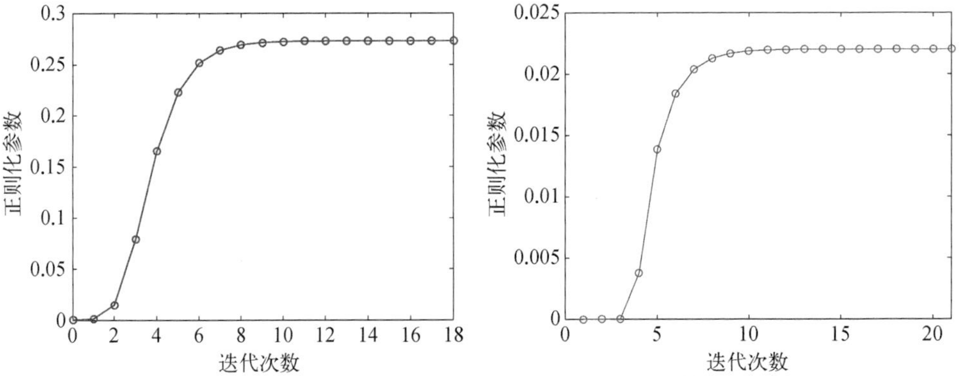

(a) 单圆孔损伤　　(b) 双圆孔损伤

图 6. 20　贝叶斯正则化自适应确定的正则化参数

参考文献

韩明. 2017. 贝叶斯统计：基于 R 和 BUGS 的应用[M]. 上海：同济大学出版社.

胡士强，敬忠良. 2010. 粒子滤波原理及其应用[M]. 北京：科学出版社.

康崇禄. 2015. 蒙特卡罗方法理论和应用[M]. 北京：科学出版社.

李海军，马登武，刘霄，等. 2009. 贝叶斯网络理论在装备故障诊断中的应用[M]. 北京：国防出版社.

刘金山，夏强. 2016. 基于 MCMC 算法的贝叶斯统计方法[M]. 北京：科学出版社.

刘军. 2009. 科学计算中的蒙特卡罗策略[M]. 北京：科学出版社.

刘书奎，吴子燕，张玉兵. 2011. 基于 Gibbs 抽样的马尔可夫蒙特卡罗方法在结构物理参数识别及损伤定位中的研究[J]. 振动与冲击，30(10)：203－207.

茆诗松，汤银才. 2012. 贝叶斯统计[M]. 北京：中国统计出版社.

孟光，尤明懿. 2011. 基于状态监测的设备寿命预测与预防维护规划研究[J]. 振动与冲击，30(8)：1－11.

卿新林，王奕首，赵琳. 2012. 结构健康监测技术及其在航空航天领域中的应用[J]. 实验力学，27(5)：517－526.

盛骤，谢式千，潘承毅. 2008. 概率论与数理统计[M]. 北京：高等教育出版社.

孙侠生，肖迎春. 2014. 飞机结构健康监测技术的机遇与挑战[J]. 航空学报，35(12)：3199－3212.

汤剑飞，严刚，蔡晨宁. 2015. 温度影响下基于应力波的钛合金试件疲劳裂纹监测实验研究[J]. 实验力学，30(1)：23－30.

王化祥，等. 2013. 电学层析成像[M]. 北京：科学出版社.

韦程东. 2015. 贝叶斯统计分析及其应用[M]. 北京：科学出版社.

韦来生，张伟平. 2013. 贝叶斯分析[M]. 合肥：中国科学技术大学出版社.

严刚，汤剑飞. 2019. 基于粒子滤波的疲劳裂纹扩展和剩余寿命预测实验研究[J]. 实验力学，34(5)：775－782.

杨周杰，严刚. 2018. 基于碳纳米管薄膜电学成像的复合材料结构损伤识别研究[J]. 传感技术学报，31(5)：657－663.

易伟建，周云，李浩. 2009. 基于贝叶斯统计推断的框架结构损伤诊断研究[J]. 工程力学，26(5)：121－129.

尹涛，王祥宇，周越. 2018. 基于 Bayesian 证据推断与信息增益的参数化有限元修正模型选择[J]. 振动与冲击，37(12)：159－166.

张小丽，陈雪峰，李兵，等. 2011. 机械重大装备寿命预测综述[J]. 机械工程学报，47(11)：100－116.

朱慧明，韩玉启. 2006. 贝叶斯多元统计推断理论[M]. 北京：科学出版社.

朱志宇. 2010. 粒子滤波算法及其应用[M]. 北京：科学出版社.

Adler A, Guardo R. 1996. Electrical impedance tomography: regularized imaging and contrast detection[J]. IEEE Transactions on Medical Imaging, 15(2): 170 - 179.

Alexopoulos N D, Bartholome C, Poulin P. 2010. Structural health monitoring of glass fiber reinforced composites using embedded carbon nanotube (CNT) fibers [J]. Composites Science and Technology, 70: 260 - 271.

Arronche L, Saponara V L, Yesil S. 2013. Impact damage sensing of multiscale composites through epoxy matrix containing carbon nanotubes[J]. Journal of Applied Polymer Science, 2013: 2797 - 2806.

Arulampallam M S, Maskell S, Gordon N. 2002. A tutorial on particle filters for online nonlinear/non-Gaussian Bayesian tracking[J]. IEEE Transactions on Signal Processing, 50: 174 - 188.

Azam S E, Chatzi E, Papadimitriou C. 2015. A dual Kalman filter approach for state estimation via output-only acceleration measurements[J]. Mechanical Systems and Signal Processing, 60 - 61: 866 - 886.

Baltopoulos A, Polydorides N, Pambaguian L. 2015. Exploiting carbon nanotube networks for damage assessment of fiber reinforced composites[J]. Composites Part B, 76: 149 - 158.

Beck J L. 2010. Bayesian system identification based on probability logic[J]. Structural Control and Health Monitoring, 17(7): 825 - 847.

Beck J L, Au S K. 2002. Bayesian updating of structural models and reliability using Markov chain Monte Carlo simulation[J]. ASCE Journal of Engineering Mechanics, 128: 380 391.

Beck J L, Katafygiotis L S. 1998. Updating models and their uncertainties i: Bayesian statistical framework[J]. ASCE Journal of Engineering Mechanics, 124: 455 - 461.

Beck J L, Yuen K V. 2004. Model selection using response measurements: Bayesian probabilistic approach[J]. ASCE Journal of Engineering Mechanics, 130(2): 192 - 203.

Bisht S S, Singh M P. 2014. An adaptive unscented Kalman filter for tracking sudden stiffness changes [J]. Mechanical Systems and Signal Processing, 2014: 181 - 195.

Burczynski T, Kus W, Dlugosz A, et al. 2004. Optimization and defect identification using distributed evolutionary algorithms[J]. Engineering Applications of Artificial Intelligence, 17(4): 337 - 344.

Busby H R, Trujillo D M. 1997. Optimal regularization of an inverse dynamics problem [J]. Computers & Structures, 63(2): 243 - 248.

Chatzi E, Hiriyur B, Waisman H, et al. 2011. Experimental application and enhancement of the XFEM - GA algorithm[J]. Computers and Structures, 89(7 - 8): 556 - 570.

Chatzi E, Smyth A. 2009. The unscented Kalman filter and particle filter methods for nonlinear structural system identification with non-collocated heterogeneous sensing[J]. Structural Control and Health Monitoring, 16: 99 - 123.

Cheung S H, Beck J L. 2010. Calculation of posterior probabilities for Bayesian model class assessment and averaging from posterior samples based on dynamic system data[J]. Computer-aided Civil and Infrastructure Engineering, 25(5): 304 - 321.

Ching J, Beck J L, Porter K A. 2006. Bayesian state estimation method for nonlinear systems and its application to recorded seismic response[J]. ASCE Journal of Engineering Mechanics, 132: 396 - 410.

Ching J, Chen Y. 2007. Transitional Markov chain Monte Carlo method for Bayesian model updating, model class selection, and model averaging[J]. ASCE Journal of Engineering Mechanics, 133(7): 816-832.

Ching J, Muto M, Beck J. 2005. Bayesian linear structural model updating using Gibbs sampler with modal data[C]. Rome: Proceedings of the International Conference on Structural Safety and Reliability.

Ching J, Muto M, Beck J L. 2006. Structural model updating and health monitoring with incomplete modal data using Gibbs sampler[J]. Computer-Aided Civil and Infrastructure Engineering, 21(4): 242-257.

Choi K, Chang F K. 1996. Identification of impact force and location using distributed sensors[J]. AIAA Journal, 34(1): 136-142.

Ciampa F, Meo M. 2010. A new algorithm for acoustic emission localization and flexural group velocity determination in anisotropic structures[J]. Composite Part A, 41(12): 1777-1786.

Ciampa F, Meo M, Barbieri E. 2012. Impact localization in composite structures of arbitrary cross section[J]. Structural Health Monitoring, 11: 643-655.

Coleman J N, Khan U, Blau W J. 2006. Small but strong: a review of the mechanical properties of carbon nanotube-polymer composites[J]. Carbon, 44: 1624-1652.

Colu C H, Urs M. 1997. Generalized cross-validation for large-scale problems[J]. Journal of Computational and Graphical Statistics, 6(1): 1-34.

Comino L, Gallego R, Rus G. 2008. Combining topological sensitivity and genetic algorithms for identification inverse problems in anisotropic materials[J]. Computational Mechanics, 41(2): 231-242.

Coppe A, Haftka R T, Kim N H. 2010. Uncertainty reduction of damage growth properties using structural health monitoring[J]. Journal of Aircraft, 47(6): 2030-2038.

Corbetta M, Sbarufatti C, Manes A. 2015. Real-time prognosis of random loaded structures via Bayesian filtering: a preliminary discussion[J]. Engineering Fracture Mechanics, 145: 143-160.

Coverley P T, Staszewski W J, 2003. Impact damage location in composite structures using optimized sensor triangulation procedure[J]. Smart Materials and Structures, 12(5): 795-803.

Croxford A J, Moll J, Wilcox P D. 2010. Efficient temperature compensation strategies for guided wave structural health monitoring[J]. Ultrasonics, 50: 517-528.

Davies G A O, Zhang X. 1995. Impact damage prediction in carbon composite structures[J]. International Journal of Impact Engineering, 16(1): 149-170.

Dehghan Niri E, Salamone S. 2012. A probabilistic framework for acoustic emission source localization in plate-like structures[J]. Smart Materials and Structures, 21: 035009.

Diamanti K, Hodgkinson J M, Soutis C. 2004. Detection of low-velocity impact damage in composite plates using Lamb waves[J]. Structural Health Monitoring, 3: 33-41.

Dugundji J. 1988. Simple expressions for higher vibration modes of uniform euler beams[J]. AIAA Journal, 26(8): 1013-1014.

Dunn W L, Shultis J K. 2011. Exploring Monte Carlo Methods[M]. Amsterdam: Elsevier.

Fan W, Qiao P. 2011. Vibration-based damage identification methods: a review and comparative study

[J]. Structural Health Monitoring, 10(1): 83－29.

Farrar C R, Worden K. 2007. An introduction of structural health monitoring[J]. Philosophical Transactions of the Royal Society A, 315: 303－315.

Feng D, Sun H, Feng M Q. 2015. Simultaneous identification of bridges structural parameters and vehicle loads[J]. Computers and Structures, 157: 76－88.

Flynn E B, Todd M D, Wilcox P D, et al. 2011. Maximum-likelihood estimation of damage location in guided-wave structural health monitoring[J]. Philosophical Transactions of the Royal Society A, 467: 2575－2596.

Flynn E B, Todd M D. 2010. A Bayesian approach to optimal sensor placement for structural health monitoring with application to active sensing[J]. Mechanical Systems and Signal Processing, 24: 891－903.

Friswell M I. 2007. Damage identification using inverse methods[J]. Philosophical Transactions of the Royal Society A, 365(1851): 393－410.

Gaitanaros S, Karaiskos G, Papadimitriou C. 2010. A Bayesian methodology for crack identification in structures using strain measurements[J]. International Journal of Reliability and Safety, 4(2－3): 206－237.

Gallo G J, Thostenson E T. 2016. Spatial damage detection in electrically anisotropic fiber-reinforced composites using carbon nanotube networks[J]. Composite Structures, 141: 14－23.

Ghajari M, Sharif-Khodaei Z, Aliabadi M H, et al. 2013. Identification of impact force for smart composite stiffened panels[J]. Smart Materials and Structures, 22(8): 085014.

Giurgiutiu V, Cuc A. 2005. A embedded NDE for structural health monitoring, damage detection, and failure prevention[J]. Shock Vibration Digest, 37: 83－105.

Golub G H, Urs V M. 1997. Generalized cross-validation for large-scale problems[J]. Journal of Computational Graph and Statistics, 6: 1－34.

Gordon N J, Salmond D J, Smith A F M. 1993. Novel approach to nonlinear/non-Gaussian Bayesian state estimation[J]. IEE Proceedings F: Radar and Signal Processing, 140: 107－113.

Green P J. 1995. Reversible jump Markov chain Monte Carlo computation and Bayesian model determination[J]. Bioetrika, 82(4): 711－32.

Hansen P C. 1992. Analysis of discrete ill-posed problems by means of the L-curve[J]. SIAM review, 34(4): 561－580.

He Y, Guo D, Chu F. 2001. Using genetic algorithms and finite element methods to detect shaft crack for rotor-bearing system[J]. Mathematics and Computers in Simulation, 57(1－2): 95－108.

Holder D S. 2004. Electrical impedance tomography: methods, history and applications [M]. Boca Raton: CRC Press.

Horibe T, Takahashi K. 2007. Crack identification in beam using genetic algorithm and three dimensional p-FEM[J]. Journal of Solid Mechanics and Materials Engineering, 1(7): 886－894.

Huang Y, Beck J L, Li H. 2017. Bayesian system identification based on hierarchical sparse Bayesian learning and Gibbs sampling with application to structural damage assessment[J]. Computer Methods in Applied Mechanics and Engineering, 318: 382－411.

Huang Y, Shao C, Wu B, et al. 2019. State-of-the-art revidw on Bayesian inference in structural system identification and damage assessment[J]. Advances in Structural Engineering, 22(6): 1329 – 1351.

Hu N, Fukunaga H, Matsumoto S. 2007. An efficient approach for identifying impact force using embedded piezoelectric sensors[J]. International Journal of Impact Engineering, 34(7): 1258 – 1271.

Inoue H, Harrigan J J, Reid S R. 2001. Review of inverse analysis for indirect measurement of impact force[J]. Applied Mechanics Review, 54(6): 503 – 524.

Jacquelin E, Bennani A, Hamelin P. 2003. Force reconstruction: analysis and regularization of a deconvolution problem[J]. Journal of Sound and Vibration, 265(1): 81 – 107.

Jang B W, Lee Y G, Kim J H, et al. 2012. Real-time impact identification algorithm for composite structures using fiber Bragg grating sensors[J]. Structural Control and Health Monitoring, 19(7): 580 – 591.

Jeong H, Jang Y S. 2000. Wavelet analysis of plate wave propagation in composite laminates[J]. Composite Structure, 49: 443 – 450.

Jiang X, Mahadevan S. 2008. Bayesian wavelet methodology for structural damage detection[J]. Structural Control and Health Monitoring, 15: 974 – 991.

Jin B, Zou J. 2008. A Bayesian inference approach to the ill-posed Cauchy problem of steady-state heat conduction[J]. International Journal of Numerical Methods in Engineering, 76(4): 521 – 544.

Jin B, Zou J. 2009. Augmented Tikhonov regularization[J]. Inverse Problems, 25(2): 025001.

Julier S J, Uhlmann J K, Durrant-whyte H F. 2000. A new method for the nonlinear transformation of means and covariances in filters and estimators[J]. IEEE Transactions on Automatic Control, 45(3): 477 – 482.

Julier S J, Uhlmann J K. 2004. Unscented filtering and nonlinear estimation[J]. Proceedings of the IEEE, 92(3): 401 – 422.

Jung J, Jeong C, Taciroglu E. 2013. Identification of a scatter embedded in elastic heterogeneous media using dynamic XFEM[J]. Computer Methods in Applied Mechanics and Engineering, 259(1): 50 – 63.

Kaipio J P, Somersalo E. 2005. Statistical and computational inverse problems [M]. New York: Springer.

Karandikar J M, Kim N H, Schmitz T L. 2012. Prediction of remaining useful life for fatigue-damaged structures using Bayesian inference[J]. Engineering Fracture Mechanics, 96: 588 – 605.

Kehlenbach M, Das S. 2002. Identifying damage in plates by analyzing Lamb wave propagation characteristics [C]. Newport Beach: Proceedings of SPIE, Smart Nondestructive Evaluation for Health Monitoring of Structural and Biological System.

Krawczuk M. 2002. Application of spectral beam finite element with a crack and iterative search technique for damage detection[J]. Finite Element in Analysis and Design, 38(6): 537 – 548.

Lam H F, Hu Q, Wong M T. 2014. The Bayesian methodology for the detection of railway ballast damage under a concrete sleeper[J]. Engineering Structures, 81: 289 – 301.

LeClerc J R, Worden K, Staszewski W J. 2007. Impact detection in an aircraft composite panel — a neural-network approach[J]. Journal of Sound and Vibration, 299(3): 672 – 682.

Lemistre M, Balageas D L. 2001. Structural health monitoring system based on diffracted Lamb wave analysis by multiresolution processing[J]. Smart Materials and Structures, 10: 504 - 511.

Lourens E, Papadimitriou C, Gillijns S, et al. 2012. Joint input-response estimation for structural systems based on reduced-order models and vibration data from a limited number of sensors[J]. Mechanical Systems and Signal Processing, 29: 310 - 327.

Loyalo B R, Briggs T M, Arronche L. 2013. Detection of spatially distributed damage in fiber-reinforced polymer composites[J]. Structural Health Monitoring, 12(3): 225 - 239.

Lu Y, Ye L, Su Z. 2006. Crack identification in aluminium plates using Lamb wave signals of a PZT sensor network[J]. Smart Materials and Structures, 15: 839 - 849.

Mactabi R, Rosca I D, Hoa S V. 2013. Monitoring the integrity of adhesive joints during fatigue loading using carbon nanotubes[J]. Composites Science and Technology, 78: 1 - 9.

Mallat S. 1998. A wavelelt tour of signal processing [M]. London: Academic.

Marzani A, Salamone S. 2012. Numerical prediction and experimental verification of temperature effect on plate waves generated and received by piezoceramic sensors[J]. Mechanical Systems and Signal Processing, 30: 204 - 217.

Melenk J M, Babuska I. 1996. The partition of unity finite element method: basic theory and applications[J]. Computer Methods in Applied Mechanics and Engineering, 139(1 - 4): 289 - 314.

Meo M, Zumpano G, Piggott G. 2005. Impact identification on a sandwich plate from wave propagation responses[J]. Composite Structures, 71(3 - 4): 302 - 306.

Moes N, Dolbow J, Belytschko T. 1999. A finite element method for crack growth without remeshing [J]. International Journal for Numerical Methods in Engineering, 46(1): 131 - 150.

Moore E Z, Nichols J M, Murphy K D. 2012. Model-based SHM: demonstration of identification of a crack in a thin plate using free vibration data[J]. Mechanical Systems and Signal Processing, 29 (SI): 284 - 295.

Moran B, Sukumar N, Moes N, et al. 2000. Extended finite element method for three-dimensional crack modeling[J]. International Journal for Numerical Methods in Engineering, 48(11): 1549 - 1570.

Nag A, Mahapatra D R, Gopalakrishnan S. 2002. Identification of delamination in composite beams using spectral estimation and a genetic algorithm[J]. Smart Materials and Structures, 11(6): 899 - 908.

Naghashpour A, Hoa S V. 2013. A technique for real-time detection, location and quantification of damage in large polymer composite structures made of electrically non-conductive fibers and carbon nanotube networks[J]. Nanotechnology, 2013: 455502.

Nanthakumar S S, Lahmer T, Rabczuk T. 2013. Detection of flaws in piezoelectric structures using extended FEM[J]. International Journal for Numerical Methods in Engineering, 96(6): 373 - 389.

Nasrellah H A, Manohar C S. 2010. A particle filtering approach for structural system identification in vehicle-structure interaction problems[J]. Journal of Sound and Vibration, 329: 1289 - 1309.

Nasrellah H A, Manohar C S. 2011. Finite element method based Monte Carlo filters for structural system identification[J]. Probabilistic Engineering Mechanics, 26: 294 - 307.

Neal R M. 2001. Annealed importance sampling[J]. Statistics and Computing, 11: 125 – 139.

Neal R M. 2005. Estimating ratios of normalizing constants using linked importance sampling [R]. Technical Report No. 0511, Department of Statistics, University of Toronto.

Ng C T, Veidt M, Lam H F. 2009. Guided wave damage characterization in beams utilising probabilistic optimization[J]. Engineering Structure, 31(12): 2842 – 2850.

Nichols J M, Link W A, Murphy K D, et al. 2010. A Bayesian approach to identifying structural nonlinearity using free-decay response: application to damage detection in composites[J]. Journal of Sound and Vibration, 329: 2995 – 3007.

Niethammer M, Jacobs L J, Qu J, et al. 2001. Time-frequency representations of Lamb waves[J]. Journal of the Acoustic Society of America, 109: 1841 – 1847.

Niri E D, Salamone S. 2012. A probabilistic framework for acoustic emission source localization in plate-like structures[J]. Smart Materials and Structures, 21: 035009.

Pandey G, Thostenson E T. 2012. Carbon nanotube-based multifunctional polymer nanocomposites [J]. Polymer Reviews, 52: 355 – 416.

Park J, Ha S, Chang F K. 2009. Monitoring impact events using a system-identification method[J]. AIAA Journal, 47(9): 2011 – 2021.

Perelli A, De Marchi L, Marzani A. 2012. Acoustic emission localization in plates with dispersion and reverberations using sparse PZT sensors in passive mode[J]. Smart Materials and Structures, 21: 025010.

Pham Q M. 2015. Reconstruction conductivity coefficients based on sparsity regularization and measured data in electrical impedance tomography [J]. Inverse Problems in Science and Engineering, 23(8): 1366 – 1387.

Proper A, Zhang W, Bartolucci S. 2009. In-situ detection of impact damage in composites using carbon nanotube sensor networks[J]. Nanoscience and Nanotechology Letters, 1: 3 – 7.

Prudencio E E, Bauman P T, Williams S V. 2014. Real-time inference of stochastic damage in composite materials[J]. Composites Part B, 67: 209 – 219.

Rabinovich D, Givoli D, Vigdergauz S. 2009. Crack identification by arrival time using XFEM and a genetic algorithm[J]. International Journal for Numerical Methods in Engineering, 77(3): 337 – 359.

Rabinovich D, Givoli D, Vigdergauz S. 2009. XFEM-based crack detection scheme using a genetic algorithm[J]. International Journal for Numerical Methods in Engineering, 71(9): 1051 – 1080.

Raghavan A, Cesnic C S E. 2007. Guided-wave signal processing using chirplet matching pursuits and mode correlation for structural health monitoring[J]. Smart Materials and Structures, 16: 355 – 366.

Raghavan A, Cesnic C S E. 2007. Review of guided-wave structural health monitoring[J]. Shock Vibration Digest, 39: 91 – 114.

Rus G, Lee S Y, Gallego R. 2005. Defect identification in laminated composite structures by BEM from incomplete static data[J]. International Journal of Solids and Structures, 42(5 – 6): 1743 – 1758.

Schumacher T, Straub D, Higgins C. 2012. Toward a probabilistic acoustic emission source location algorithm: a Bayesian approach[J]. Journal of Sound and Vibration, 331: 4233 – 4245.

Seydel R, Chang F K. 2001. Impact identification of stiffened composite panels: i. system development[J]. Smart Materials and Structures, 10(1): 354 - 369.

Staszewski W J, Mahzan S, Traynor R. 2009. Health monitoring of aerospace composite structures — active and passive approach[J]. Composite Sciences and Technology, 69(11 - 12): 1678 - 1685.

Stavroulakis G E, Antes H. 1998. Flaw identification in elastomechanics: BEM simulation with local and genetic optimization[J]. Structural Optimization, 16(2 - 3): 162 - 175.

Sternfels R, Earls C J. 2013. Reduced-order model tracking and interpolation to solve PDE-based Bayesian inverse problems[J]. Inverse Problems, 29(7): 075014.

Stolarska M, Chopp D L, Moes N. 2001. Modelling crack growth by level sets in the extended finite element method[J]. International Journal for Numerical Methods in Engineering, 51(8): 943 - 960.

Stull C J, Nichols J M, Earls C J. 2011. Stochastic inverse identification of geometric imperfections in shell structures[J]. Computer Methods in Applied Mechanics and Engineering, 200: 2256 - 2267.

Sukumar N, Chopp D L, Moes N, et al. 2000. Modeling holes and inclusions by level sets in the extended finite element method[J]. Computer Methods in Applied Mechanics and Engineering, 190(46 - 47): 6183 - 6200.

Sung D U, Oh J H, Kim C G. 2000. Impact monitoring of smart composite laminates using neural network and wavelet analysis[J]. Journal Intelligent Material Systems and Structures, 11(3): 180 - 190.

Sun H, Buyukozturk O. 2015. Identification of traffic-induced nodal excitations of truss bridges through heterogeneous data fusion[J]. Smart Materials and Structures, 24(7): 075032.

Sun H, Feng D, Liu Y, et al. 2015. Statistical regularization for identification of structural parameters and external loadings using state space models[J]. Computer-aided Civil and Infrastructure Engineering, 30(11): 843 - 858.

Sun H, Waisman H, Betti R. 2013. Nondestructive identification of multiple flaws using XFEM and a topologically adapting artificial bee colony algorithm[J]. International Journal for Numerical Methods in Engineering, 95(10): 871 - 900.

Sun R, Chen G, He H, et al. 2014. The impact force identification of composite stiffened panels under material uncertainty[J]. Finite Elements in Analysis and Design, 81: 38 - 47.

Su Z, Wang X, Chen Z, et al. 2009. On selection of data fusion schemes for structural damage evaluation[J]. Structural Health Monitoring, 8: 223 - 241.

Su Z, Ye L, Bu X. 2002. A damage identification technique for CF/EP composite laminates using distributed piezoelectric transducers[J]. Composite Structure, 57: 465 - 571.

Su Z, Ye L, Lu Y. 2006. Guided Lamb waves for identification of damage in composite structures: a review[J]. Journal of Sound and Vibration, 295: 753 - 780.

Tallman T N, Gungor S, Wang K W. 2015. Damage detection via electrical impedance tomography in glass fiber/epoxy laminates with carbon black filler[J]. Structural Health Monitoring, 14(1): 100 - 109.

Tang J F, Yan G, Cai C N. 2016. A particle filter-based method for acoustic emission source localization[J]. International Journal of Applied Electromagnetics and Mechanics, 52: 975 - 981.

Teughels A, De Roeck G. 2005. Damage detection and parameter identification by finite element model updating[J]. Archives of Computational Methods in Engineering, 12(2): 123 - 164.

Thostenson E, Chou T W. 2008. Real-time in situ sensing of damage evolution in advance fiber composites using carbon nanotube networks[J]. Nanotechnology, 19(21): 215713.

Tikhonov A, Arsenin V. 1977. Solutions of ill-posed problems [M]. New York: Wiley.

Tracy M, Chang F K. 1999. Identifying impacts in composite plates with piezoelectric strain sensors, part i: theory[J]. Journal of Intelligent Material Systems and Structures, 9(11): 920 - 928.

Tua P S, Quek S T, Wang Q. 2004. Detection of cracks in plates using piezo-actuated Lamb waves [J]. Smart Materials and Structures, 13: 643 - 660.

Vadlamani V K, Chalivendra V B, Shukala A. 2012. Sensing of damage in carbon nanotubes and carbon black-embedded epoxy under tensile loading[J]. Polymer Composites, 2012: 1809 - 1815.

Vanik M W, Beck J L, Au S K. 2000. Bayesian probabilistic approach to structural health monitoring [J]. ASCE Journal of Engineering Mechanics, 126: 738 - 745.

Waisman H, Belytschko T. 2008. Parametric enrichment adaptivity by the extended finite element method[J]. International Journal for Numerical Methods in Engineering, 73(12): 1671 - 1692.

Waisman H, Chatzi E, Smyth A. 2010. Detection and quantification of flaws in structures by the extended finite element method and genetic algorithms[J]. International Journal for Numerical Methods in Engineering, 82(3): 303 - 328.

Wang D, Ye L, Lu Y. 2009. A probabilistic diagnostic algorithm for identification of multiple notches using digital damage fingerprints (DDFs) [J]. Journal of Intelligent Material Systems and Structures, 20: 1439 - 1450.

Wang D, Ye L, Lu Y, et al. 2009. Probability of the presence of damage estimated from an active sensor network in a composite panel of multiple stiffeners [J]. Composite Sciences and Technology, 69: 2054 - 2063.

Wang J, Zabaras N. 2005. Hierarchical Bayesian models for inverse problems in heat conduction[J]. Inverse Problems, 21(1): 183 - 206.

Wu M, Smyth A. 2007. Application of the unscented Kalman filter for real-time nonlinear structural system identification[J]. Structural Control and Health Monitoring, 14(7): 971 - 990.

Xue S, Tang H, Xie Q. 2009. Structural damage detection using auxiliary particle filtering method [J]. Structural Health Monitoring, 8: 517 - 524.

Xu Y G, Liu G R. 2002. Detection of flaws in composites from scattered elastic-wave field using an improved uGA and local optimizer [J]. Computer Methods in Applied Mechanics and Engineering, 191(36): 3929 - 3946.

Yan G, Sun H, Buyukozturk O. 2017. Impact load identification for composite structures using Bayesian regularization and unscented Kalman filter [J]. Structural Control and Health Monitoring, 24: e1910.

Yan G, Sun H, Waisman H. 2015. A guided Bayesian inference approach for detection of multiple flaws in structures using the extended finite element method[J]. Computers and Structures, 152:

27 – 44.

Yan G. 2013. A Bayesian approach for damage localization in plate-like structure using Lamb waves [J]. Smart Materials and Structures, 17: 035012.

Yan G. 2014. A Bayesian approach for impact load identification of stiffened composite panel [J]. Inverse Problems in Science and Engineering, 22(6): 940 – 965.

Yan G, Tang J F. 2015. A Bayesian approach for localization of acoustic emission source in plate-like structures[J]. Mathematical Problems in Engineering, 2015: 247839.

Yan G, Zhou L. 2009. Impact load identification of composite structure using genetic algorithms[J]. Journal of Sound and Vibration, 319(3 – 5): 869 – 884.

Yin T, Lam H F, Chow H M. 2010. A Bayesian probabilistic approach for crack characterization in plate structures[J]. Computer-Aided Civil Infrastructure Engineering, 25: 375 – 386.

Yoshida I, Sato T. 2002. Health monitoring algorithm by the Monte Carlo filter based on non-Gaussian noise[J]. Journal of Natural Disaster Science, 24: 101 – 107.

Yuen K V, Beck J L, Au S K. 2004. Structura damage detection and assessment using adaptive Markov chain Monte Carlo simulation[J]. Structural Control and Health Monitoring, 11(4): 327 – 347.

Yuen K V, Beck J L, Katafygiotis L S. 2006. Efficent model updating and health monitoring methodology using incomplete modal data without mode matching[J]. Structural Control and Health Monitoring, 13(1): 91 – 107.

Yuen K V, Hoi K I, Mok K M. 2007. Selection of noise parameters for Kalman filter[J]. Earthquake Engineering and Engineering Vibration, 6(1): 49 – 56.

Yuen K V, Liang P F, Kuok S C. 2013. Online estimation of noise parameters for Kalman filter[J]. Structural Engineering and Mechanics, 47(3): 361 – 381.

Yu L, Su Z. 2012. Application of kernel density estimation in Lamb wave-based damage detection [J]. Mathematical Problems in Engineering, 2012: 406521.

Zhang D, Ye L, Wang D. 2012. Assessment of transverse impact damage in GF/EP laminates of conductive nanoparticles using electrical resistivity tomography[J]. Composites: Part A, 43: 1587 – 1598.

Zhang W, Sakalkar V, Koratkar N. 2007. In situ monitoring and repair in composites using carbon nanotube additives[J]. Applied Physics Letters, 91: 133102.

Zhang Y, Yang W. 2013. Bayesian strain modal analysis under ambient vibration and damage identification using distributed fiber Bragg grating sensors [J]. Sensors and Actuators A: Physical, 201(15): 434 – 449.

Zhao X, Gao H, Zhang G, et al. 2007. Active health monitoring of an aircraft wing with embedded piezoelectric sensor/actuator network: i. defect detection, localization and growth monitoring[J]. Smart Materials and Structures, 16: 1208 – 1217.

Zhou C, Su Z, Cheng L. 2011. Probability-based diagnostic imaging using hybrid features extracted from ultrasonic Lamb wave signals[J]. Smart Materials and Structures, 20: 125005.